配网不停电作业

一线员工作业一本通

绝缘手套作业法带负荷更换柱上开关

国网浙江省电力有限公司　组编

中国电力出版社
CHINA ELECTRIC POWER PRESS

内 容 提 要

本书主要介绍 10kV 配网不停电作业项目中的绝缘杆作业法带电更换熔断器、绝缘手套作业法带负荷更换柱上开关、绝缘手套作业法带负荷直线杆改耐张杆三个作业方法，围绕现场作业篇、安全防护篇、施工质量篇三个方面，通过大量图片，对各作业项目的全流程进行了讲解和演示，对生产实践具有很强的指导性。本分册为绝缘手套作业法带负荷更换柱上开关分册。

本书可供配网不停电作业基层管理者和一线员工培训和自学使用。

图书在版编目（CIP）数据

绝缘手套作业法带负荷更换柱上开关 / 国网浙江省电力有限公司组编 .—北京：中国电力出版社，2021.11
（配网不停电作业一线员工作业一本通；2）
ISBN 978-7-5198-5967-1

Ⅰ. ①绝… Ⅱ. ①国… Ⅲ. ①开关–设备更换–带电作业 Ⅳ. ① TM56

中国版本图书馆 CIP 数据核字（2021）第 185776 号

出版发行：中国电力出版社
地　　址：北京市东城区北京站西街 19 号
邮政编码：100005
网　　址：http://www.cepp.sgcc.com.cn
责任编辑：穆智勇
责任校对：黄　蓓　郝军燕
装帧设计：赵丽媛
责任印制：石　雷

印　　刷：河北鑫彩博图印刷有限公司
版　　次：2021 年 11 月第一版
印　　次：2021 年 11 月北京第一次印刷
开　　本：880 毫米 ×1230 毫米　横 32 开本
印　　张：14.25
字　　数：395 千字
印　　数：0001—1000 册
定　　价：72.00 元（全三册）

前 言

为了不断提升 10kV 配网的供电可靠性，减少停电检修给用户带来影响，10kV 配网不停电作业已逐渐成为配网的主要检修方式。目前，10kV 配网不停电作业包括绝缘手套作业法和绝缘杆作业法两种主要作业方法，其具有较高的作业安全性和便利性。其中，绝缘杆作业法带电更换熔断器、绝缘手套作业法带负荷更换柱上开关、绝缘手套作业法带负荷直线杆改耐张杆是 10kV 配网不停电作业中难度系数较大的项目，也是复杂项目中应用较多的项目。

为进一步提高 10kV 配网不停电作业一线员工的技能水平和作业安全性，国网浙江省电力有限公司培训中心组织编写了讲解这三种作业法的《配网不停电作业一线员工作业一本通》，作为一线员工的培训教材。

在编写过程中，编写组按照作业项目的基本流程，在保证各环节符合规范要求的基础上，形成本书的文字内容。并根据文本内容，请一线专家实际演示，自编、自导、

自演拍摄了大量的图片，对作业项目中杆上作业的主要危险点和施工质量进行预控说明和规范展示，对作业项目的具体操作起到规范作用。

本书分为《绝缘杆作业法带电更换熔断器》《绝缘手套作业法带负荷更换柱上开关》《绝缘手套作业法带负荷直线杆改耐张杆》三个分册，着重围绕现场作业篇、安全防护篇、施工质量篇等内容，对作业项目的基本流程、现场规范作业、现场安全行为、工艺质量等进行了讲解，具备很强的实用性。

本书的编写得到了杨晓翔、周兴、钱栋、钟全辉、包益能等劳模专家的大力支持，在此谨向参与本书编写、研讨、审稿、业务指导的各位领导、专家和有关单位致以诚挚的感谢！

由于编者水平所限，疏漏之处在所难免，恳请各位领导、专家和读者提出宝贵意见！

本书编写组

2021 年 10 月

目录 / Contents

绝缘手套作业法带负荷更换柱上开关

作业线路装置概况

- 作业项目：带负荷更换柱上开关（旁路负荷开关法）
- 主线路装置：单回路耐张开关杆，三角排列，架空绝缘导线
- 支接线路装置：单回路三角排列；与主线路为垂直排列；横担规格：60mm×60mm×1500mm

现场作业篇

一 作业现场勘察

（一）现场勘察组织

（1）带电作业应组织现场勘察。

（2）现场勘察由工作负责人、设备运维管理单位（用户单位）和检修（施工）单位相关人员参加。

（3）填写现场勘察记录。

相关单位一起进行现场勘察

一起填写现场勘察记录

（二）现场勘察要点一

（1）线路负荷电流是否符合作业用旁路设备的使用条件。
（2）必要时，使用钳形电流表测量作业点导线电流。

在系统中查阅作业线路近几个月来的电流数据

必要时进行现场实测

（三）现场勘察要点二

线路装置是否符合带点作业条件：

（1）电杆及埋深，基础拉线等是否符合要求。
（2）开关气体压力表是否正常。
（3）开关柱头有无烧损情况。

连接处及开关气体压力

测量电杆埋深情况

1）开关引线与主导线连接处有无烧损情况。

2）红外测温是否正常。

检查开关引线与主导线连接

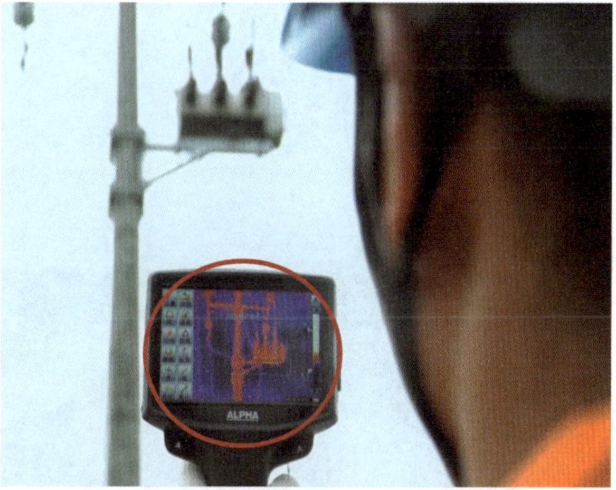

红外测温

（四）现场勘察要点三

作业现场环境及其他影响作业的危险点：

（1）交叉跨越情况。

（2）车辆停放位置地面，道路管道情况，绝缘斗臂车车辆接地位置。

（3）作业点交通状况。

（4）作业点周围环境状况。

作业点周围环境情况

作业点道路情况

（五）移交勘察记录

现场勘察后，现场勘察记录应送交给工作票签发人，工作负责人及相关各方，确定作业方式。

移交勘查记录

确定作业方式

二 工器具准备

（1）本作业项目所需的作业装备有绝缘斗臂车、旁路负荷开关、旁路柔性电缆等。

绝缘斗臂车

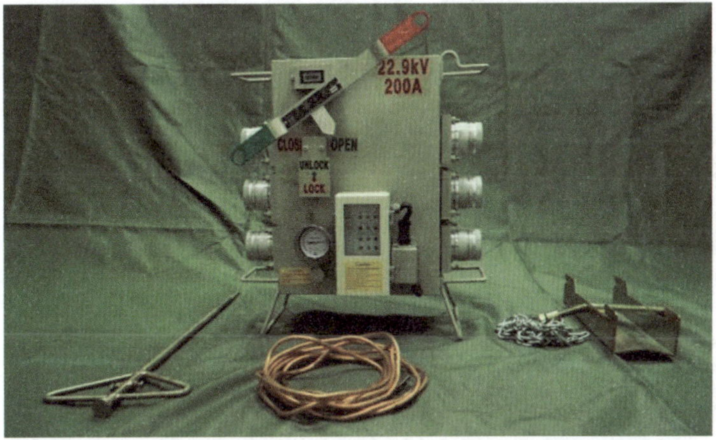

旁路负荷开关

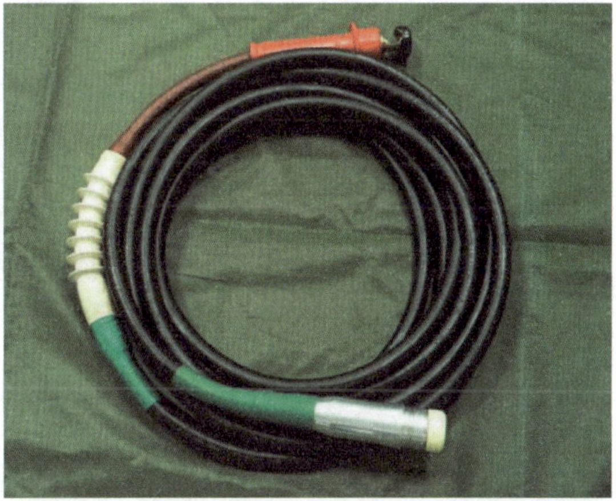
旁路柔性电缆

（2）本作业项目所需的个人安全防护用具有绝缘安全帽、绝缘披肩、绝缘手套、防穿刺手套、斗内安全带、护目镜等。

绝缘安全帽

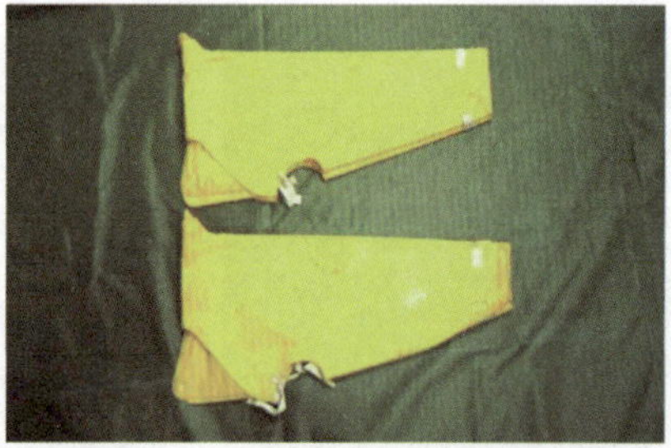

绝缘披肩

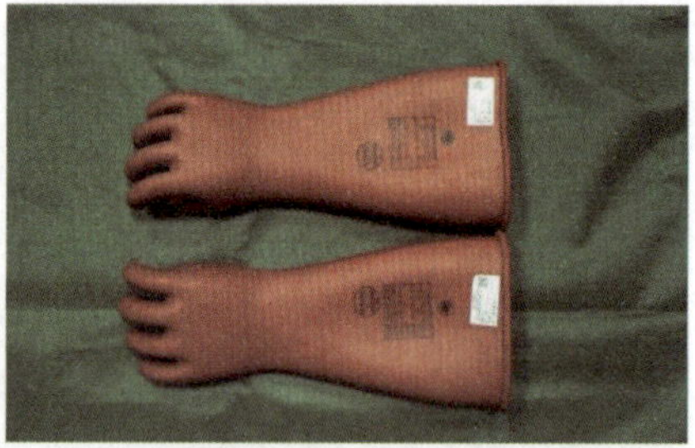

绝缘手套

防穿刺手套

斗内安全带

护目镜

（3）本作业项目所需的绝缘遮蔽用具有导线遮蔽管、跳线管、绝缘毯、毯夹等。

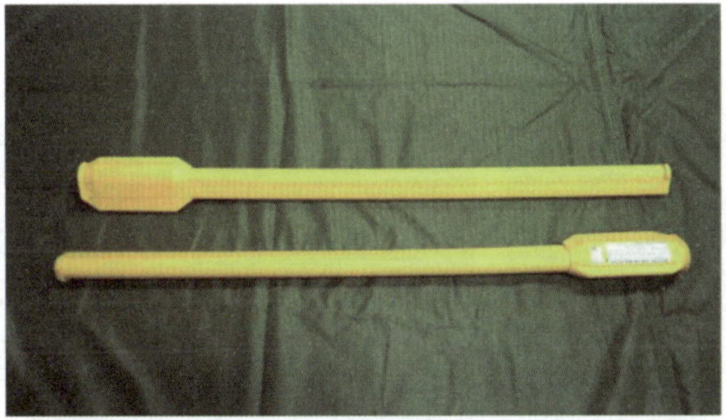

导线遮蔽管

绝缘毯

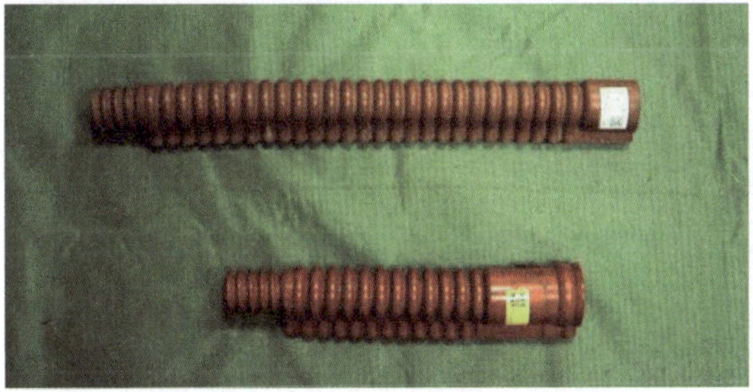

跳线管

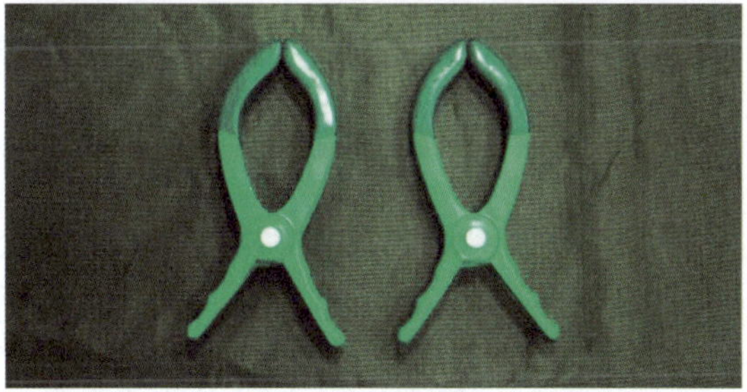

毯夹

（4）本作业项目所需的绝缘工具有绝缘传递绳、绝缘绳套、绝缘横担、绝缘操作杆、放电棒。

绝缘传递绳

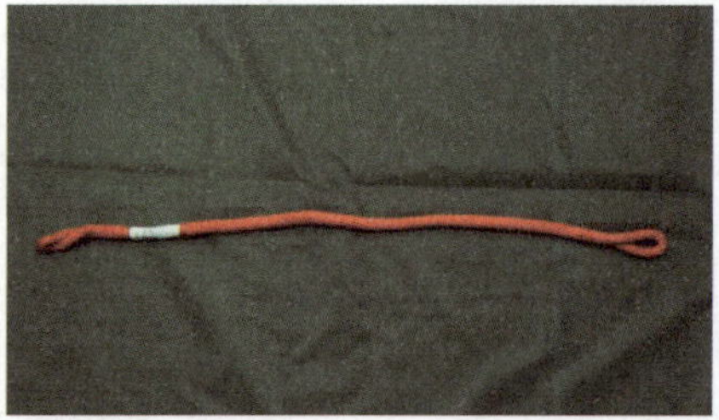

绝缘绳套

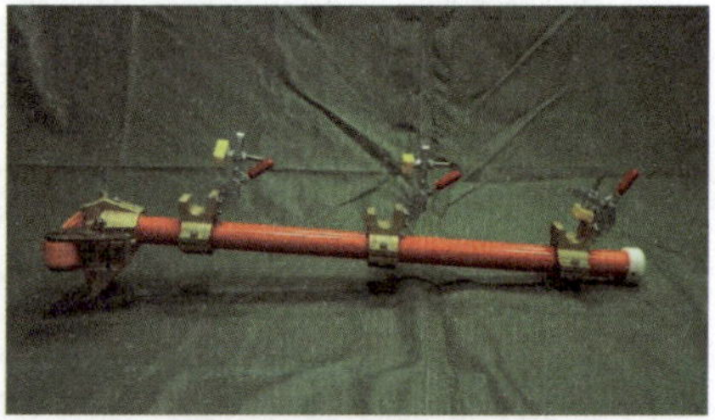

绝缘横担

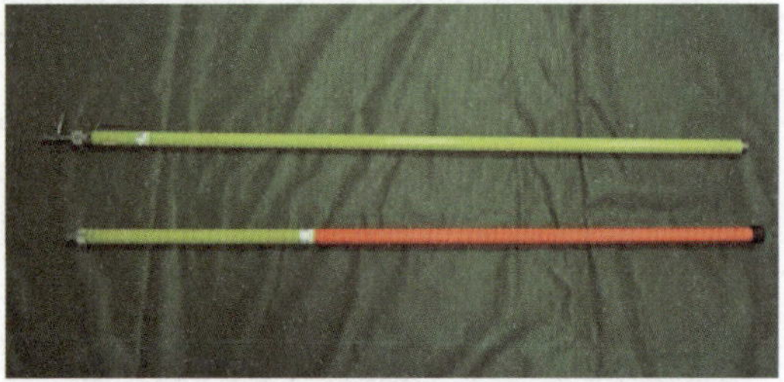

绝缘操作杆

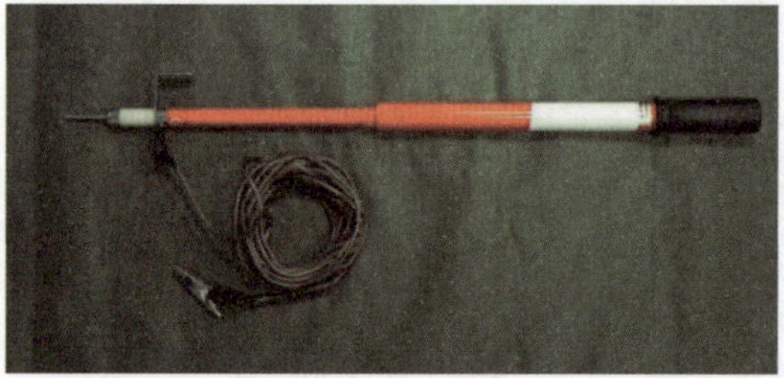

放电棒

（5）本作业项目所需的仪器仪表工具有高压验电器、工频高压发生器、风速温湿度一体计、绝缘电阻测试仪、万用表、绝缘手套检测仪、钳形电流表。

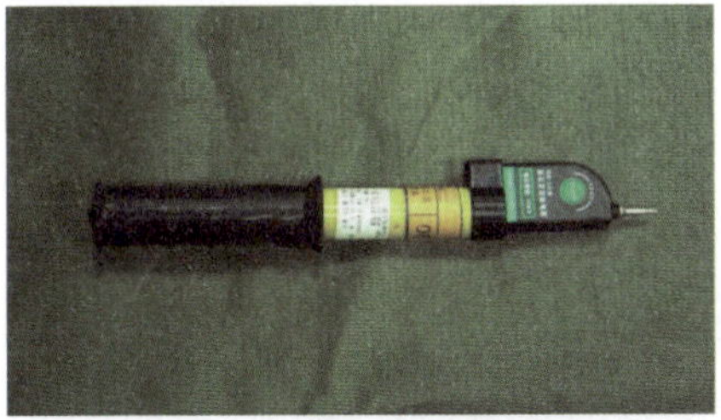
高压验电器

工频高压发生器

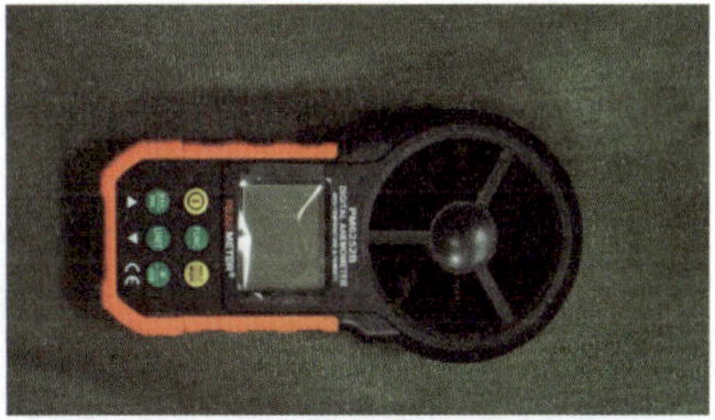
风速温湿度一体计

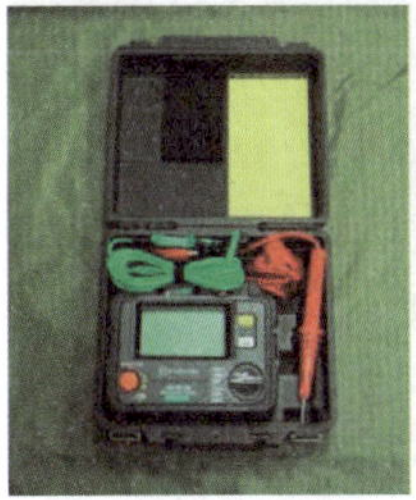
绝缘电阻测试仪

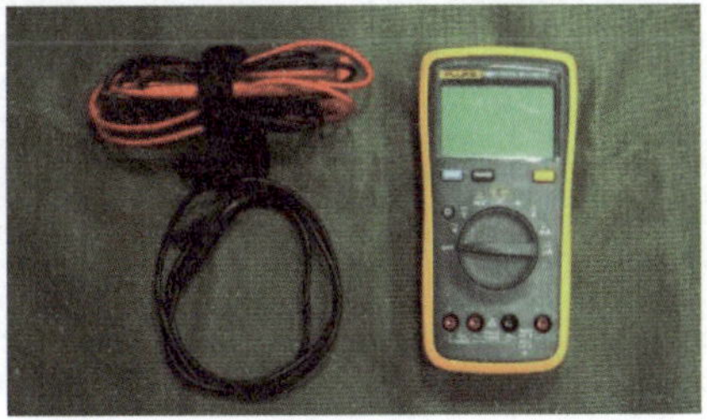
万用表

绝缘手套检测仪

钳形电流表

（6）本作业项目所需的其他工具有电动扳手、遥控电动导线剥皮器、斗用工具箱、帆布工具袋、钢丝刷、铁榔头等。

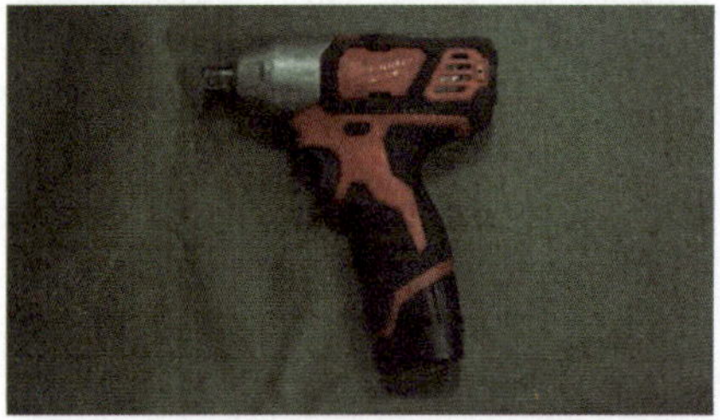
电动扳手

遥控电动导线剥皮器

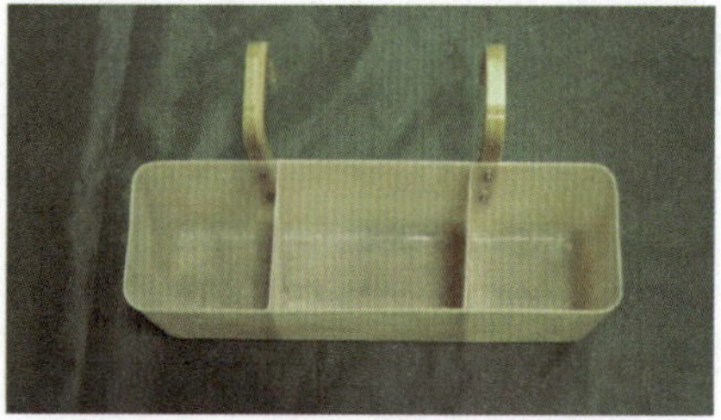
斗用工具箱

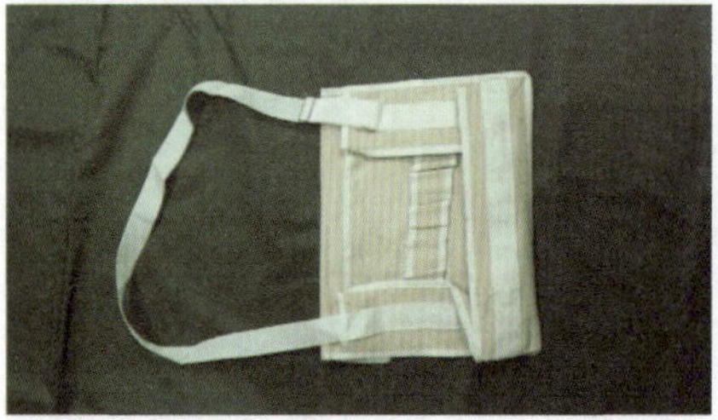
帆布工具袋

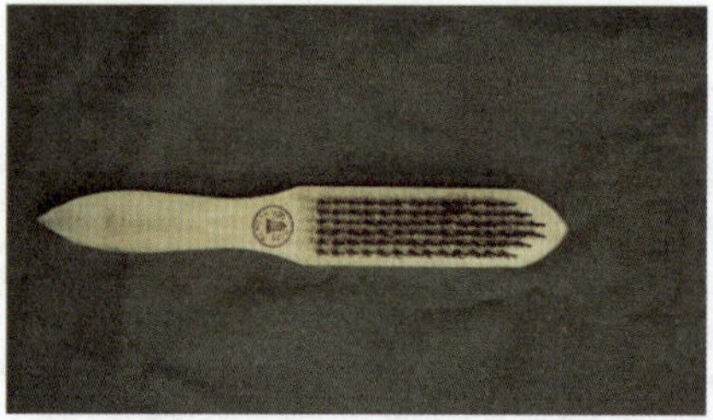
钢丝刷

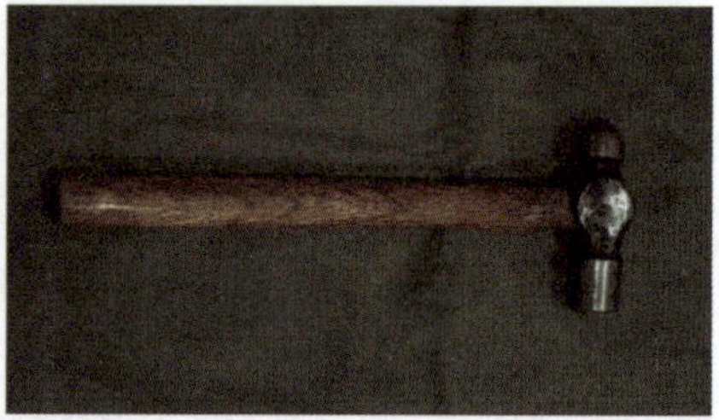
铁榔头

（7）本作业项目所需的设备及其他材料有柱上负荷开关、避雷器、导电膏、3M 绝缘胶带、自粘胶带、绝缘清洁巾、绝缘硅脂。

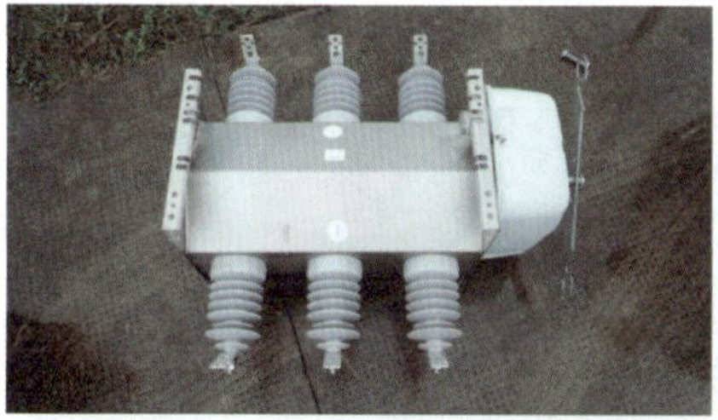

柱上负荷开关

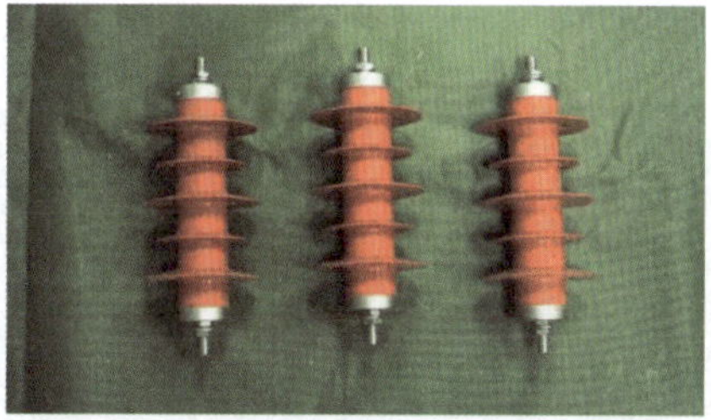

避雷器

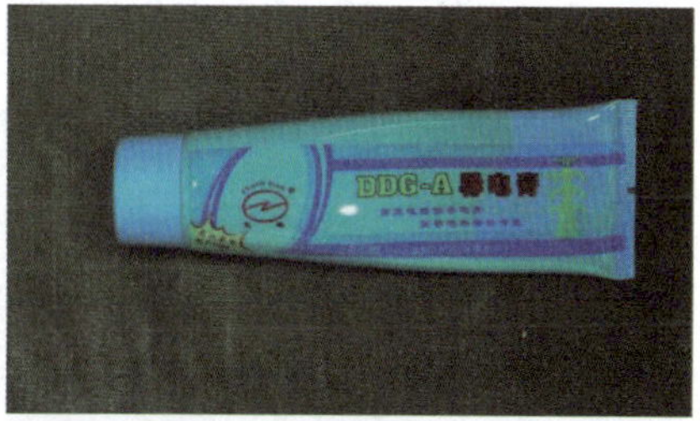

导电膏

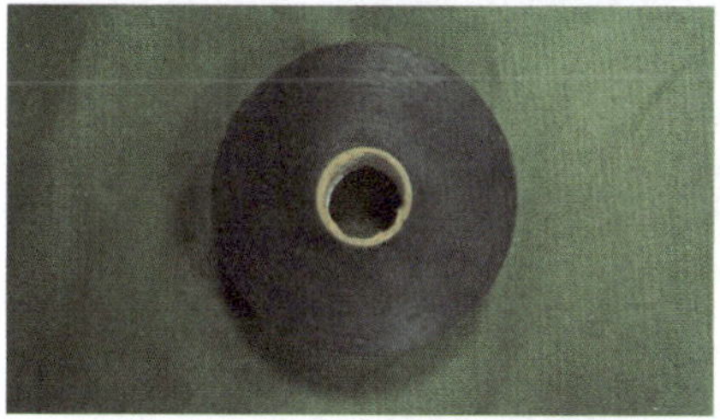

3M 绝缘胶带

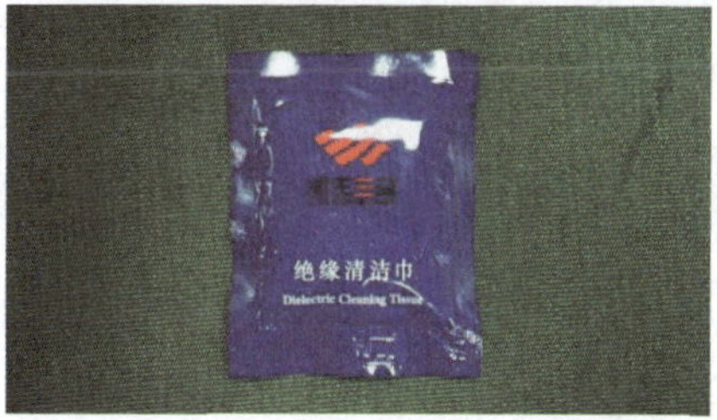

绝缘清洁巾

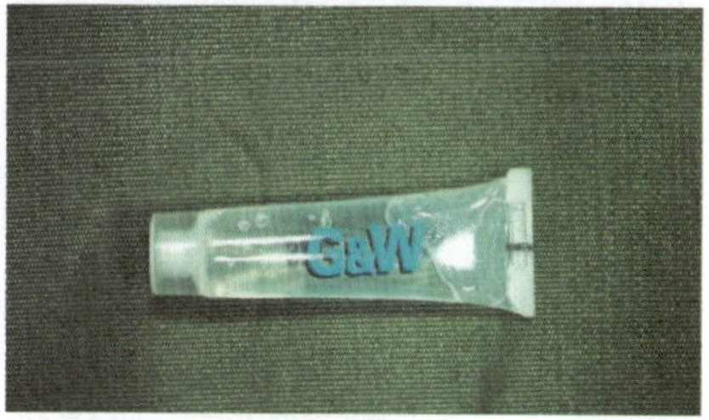

绝缘硅脂

三 现场作业流程

（一）现场复勘

（1）核对工作路线双重命名、杆号无误。

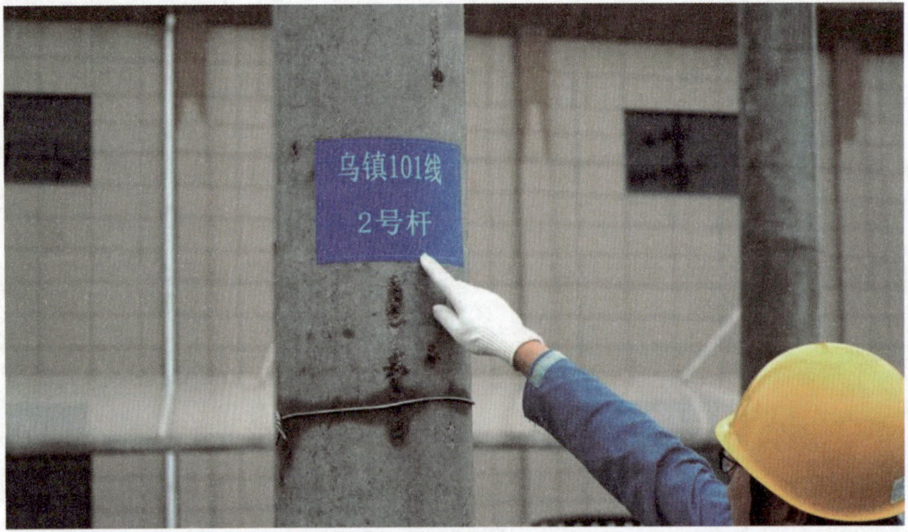

核对工作路线双重命名

（2）检查作业点周围环境是否符合作业要求。

检查作业点附近土质情况

检查电杆基础

（3）检查线路装置应具备带电作业条件。

1）检查开关外观，如瓷柱裂纹严重有脱落危险应考虑采取措施，若无法控制则不应进行该项工作，如接点烧损严重也不得进行此项工作。

2）作业电杆杆根、埋深、杆身质量应满足要求。

烧损严重的出线套管

检查开关

检查电杆杆身

测量电杆埋深

（4）检查气象应符合带电作业要求：

1）现场作业前，须进行风速和湿度的测量。
2）风力不小于5级，或湿度不小于80%时，不宜带电作业。
3）若遇雷电、雪、雹、雨、雾等不良天气，禁止带电作业。

现场测量温、湿度

现场测量风速

（5）检查工作票和现场作业指导书所列安全措施，必要时补充安全技术措施。

作业工作票

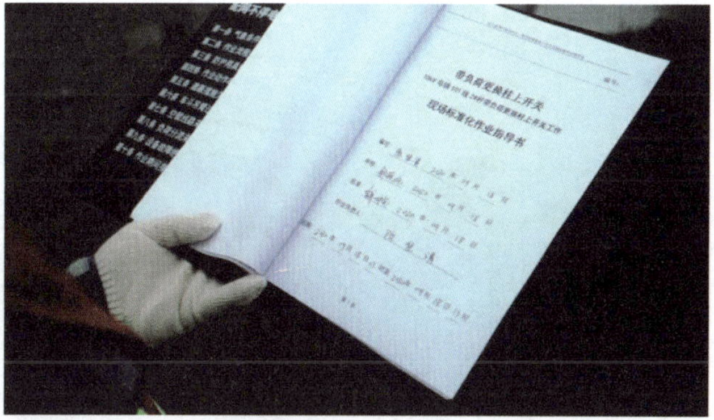

作业指导书

（二）工作许可

（1）本作业项目作业应停用线路重合闸。

（2）工作负责人应向值班调控人员履行许可手续，并申请停用线路重合闸。

（3）工作负责人在工作票上签字。

与调度联系停用重合闸

签字记录

（三）布置作业现场

（1）在通行道路上作业时应设置路牌，设置位置应满足以下要求：

1）对有道路隔离带的，在道路前方 30～50m 处。
2）对无道路隔离带的，在道路前后方 30～50m 处。

路牌设置错误示范

路牌设置标准

（2）装设围栏和标示牌。

1）城区、人口密集区或交通道口和通行道路上施工时，工作场所周围应装设遮栏（围栏）。

2）在相应部位装设“在此工作”“从此进出”标示牌。

3）必要时派人看管。

设置作业围栏

悬挂标示牌

必要时派人看管

（3）现场围栏的设置范围。

1）绝缘斗臂车及吊车的停放和专用接地线的设置。
2）工作中绝缘臂的旋转范围和绝缘斗挑出的范围。
3）防潮毯（垫）和工器具现场摆放等。

现场围栏的设置

（4）绝缘斗臂车的现场停放要求。

1）应选择适当的工作位置，支撑应稳固可靠。

2）应避免停放在沟道盖板上。

3）软土地面应使用垫块或枕木，垫放时垫板重叠不超过 2 块，呈 45°。

4）停放位置如为坡地，停放位置坡度应不大于 7°，绝缘斗臂车车头应朝下坡方向停放。

支腿撑脚错误设置

支腿垫板错误设置

支腿撑脚避免沟道盖板

支腿垫板不超过 2 块

（5）绝缘斗臂车要求。

1）绝缘斗臂车的车体应使用不小于 $16mm^2$ 的软铜线良好接地。

2）临时接地体埋深应不少于 0.6m。

车辆接地埋深不足

车辆接地埋深到位

（6）工器具的摆放。作业现场应将使用的带电作业工具分类整理摆放在防潮的帆布或绝缘垫上，以防脏污和受潮。

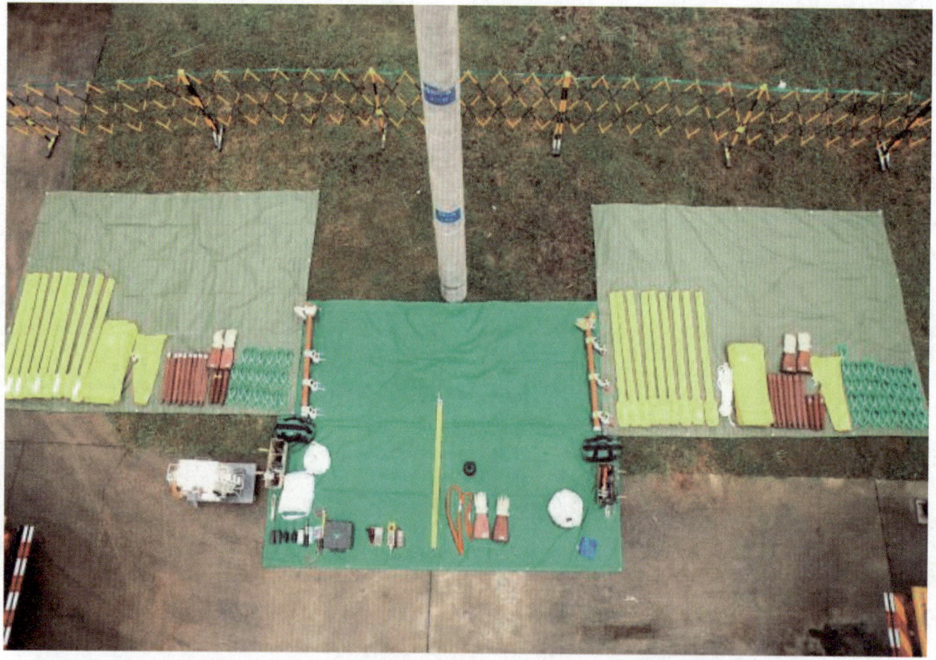

现场工器具摆放合理

（四）现场站班会

（1）确认工作班成员身体状况和精神状态良好。

（2）检查工作班成员的着装等穿戴是否符合要求。

（3）向工作班成员交待工作内容、人员分工、现场安全措施和技术措施。

（4）工作班成员履行签名确认手续。

站班会

安全交底签字确认

整理着装

（五）检测工器具和设备

（1）对工器具进行擦拭和外观检查。

1）用清洁干燥的布对绝缘工器具进行擦拭。
2）检查绝缘工具表面无磨损、变形损坏，操作应灵活。
3）检查绝缘防护用具和遮蔽、隔离用具无针孔、砂眼、裂纹。
4）检查手工工具操作灵活。
5）绝缘手套在使用前要压入空气，检查有无针孔缺陷。
6）高压验电器自检正常，并用工频高压发生器检查良好。

擦拭绝缘毯

验电器自检

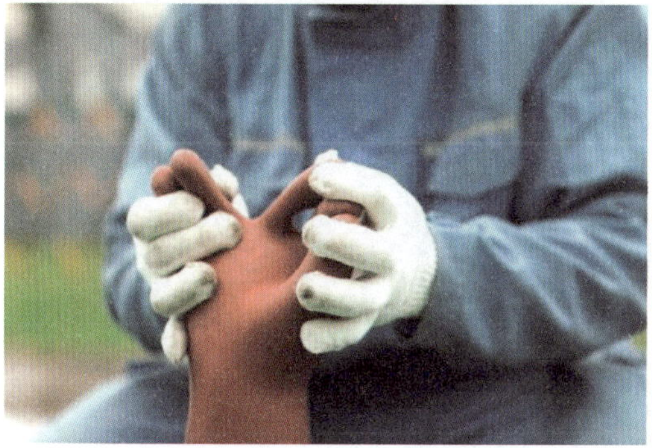

检查手套

用高压发生器检查验电器

（2）检测绝缘工具的绝缘电阻。

1）使用2500V及以上的绝缘电阻检测仪。

2）检测电极要求：极宽2cm、极间距2cm。

3）绝缘电阻值不得低于700MΩ。

4）需检测的绝缘工具有高压验电器、绝缘吊绳、绝缘绳套、绝缘操作棒。

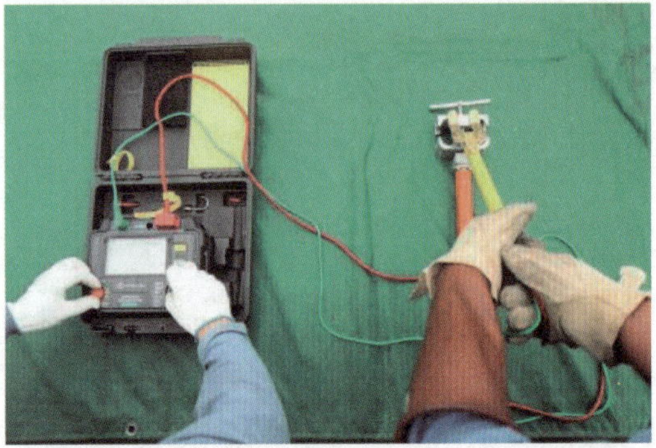

绝缘电阻表短路自检

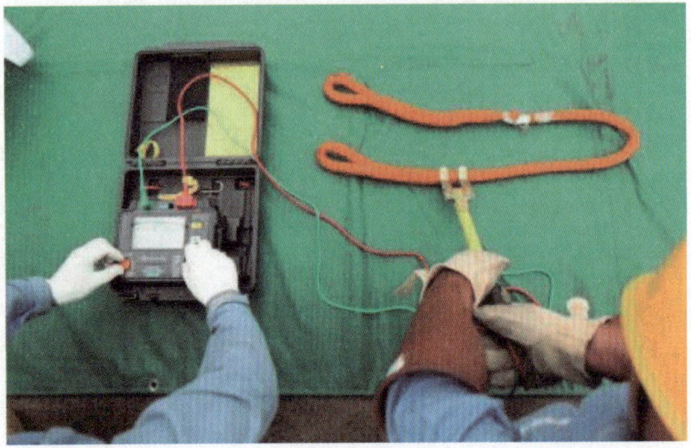

检测绝缘绳

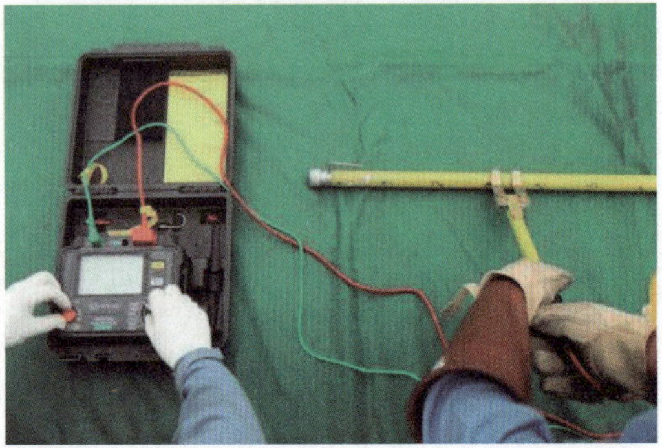

检测绝缘杆

（3）检查绝缘斗臂车。

1）斗内电工检查绝缘斗臂车表面状况，绝缘斗、绝缘臂应清洁、无裂纹损伤。
2）操作人员应在斗臂车下方操作位置空斗试操作一次。
3）确认液压传动、回转、升降、伸缩系统工作正常、操作灵活，制动装置可靠。

擦拭绝缘臂

空斗试操作

（4）检查新柱上开关。

1）套管应无破损、裂纹、严重脏污和闪络放点的痕迹。

2）清洁瓷件并做表面检查，瓷件表面应光滑，无麻点、裂痕等。

3）检测绝缘电阻：柱上开关处在分位时，测得每相断口间绝缘电阻不应低于 1000MΩ；柱上开关处在合位时，测得相与相、相与地之间的绝缘电阻不应低于 1000MΩ。

4）地面电工应手动试操作分合开关 3 次，检查操动机构动作灵活，分合闸应到位，然后确认新开关在分闸位置。

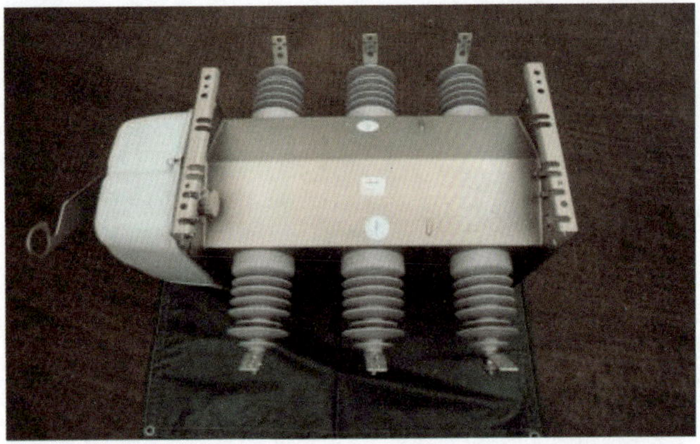

柱上负荷开关

检测柱上负荷开关绝缘电阻

柱上负荷开关试操作

确认分合闸指示正确

（5）检查旁路负荷开关。

1）检查接头金属部分是否光滑，有无皱纹或开裂等。
2）检查核相器电源电池的电量，确认核相器功能正常。
3）确认旁路负荷开关气体压力正常。
4）开关的分合指示标志应清楚、明显。
5）开关在分合闸以后应能可靠闭锁。
6）对开关进行一次试操作（分、合），应操作灵活。

旁路负荷开关

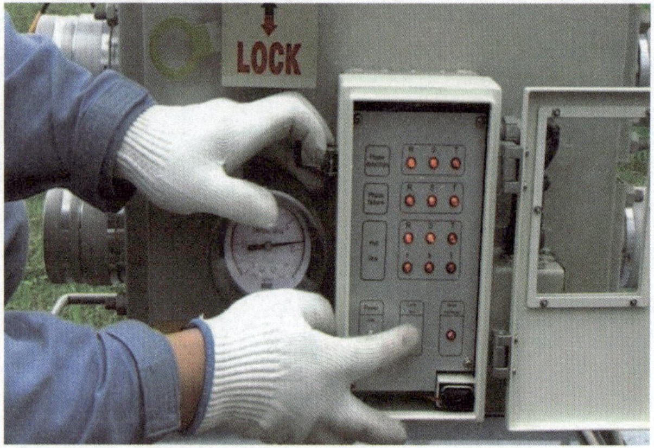

检测核相器正常

检查接头闭锁开关

检查接头情况

（6）检查旁路引下电缆。

应注意：

1）检查旁路引下电缆表面应无明显磨损或破损现象，旁路引下电缆的连接线夹应操作灵活，检查接头金属部分是否光滑，有无皱纹或开裂等。

2）接头应有两种结构，一端与旁路负荷开关连接，另一端与架空导线连接。

3）检查旁路引下电缆的额定荷载电流并对照线路负荷电流，旁路引下电缆的额定荷载电流应不小于1.2倍的线路负荷电流。

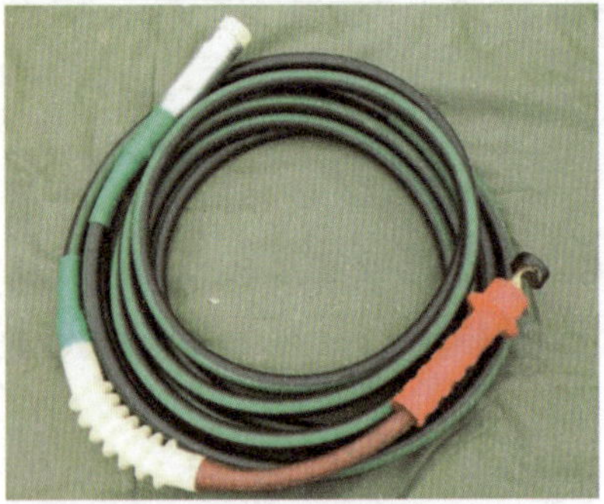

检查旁路电缆

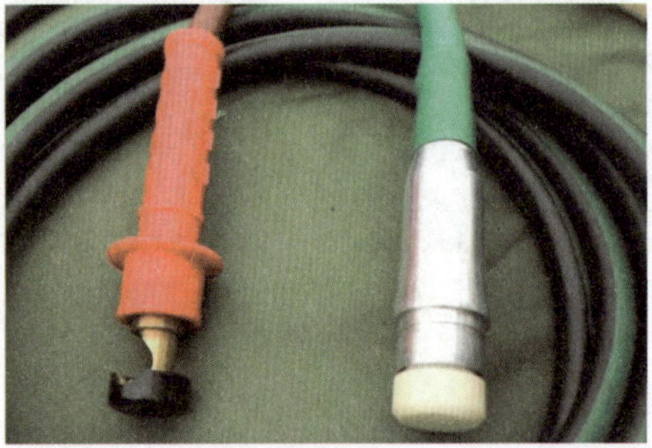

检查旁路电缆终端头

检查旁路电缆导线连接接头

（7）汇报检测结果。

1）工器具检测完毕后，应向工作负责人汇报检查结果。
2）对现场检测不合格的工器具不得在带电作业中使用。

向负责人汇报试验结果

向负责人汇报车辆测试结果

（六）敷设、安装连接、检测旁路设备

（1）敷设旁路引下电缆。

旁路电缆敷设前，地面应铺设防护垫，避免旁路引下电缆和地面直接摩擦。

旁路电缆直接接触地面

铺设防护垫

敷设旁路电缆

旁路电缆敷设完成

（2）安装和连接旁路负荷开关。

1）旁路负荷开关支架与本体、绝缘横担应安装牢固。

2）接地体埋深不小于0.6m，接地体的截面积不准小于190mm^2。

安装旁路负荷开关

安装绝缘横担

安装旁路负荷开关接地

3）电缆快速插拔终端头用清洁纸（布）仔细擦拭干净，并对绝缘配合界面均匀涂抹硅脂。

4）旁路引下电缆与旁路负荷开关的连接应可靠、牢固。

均匀涂抹硅脂

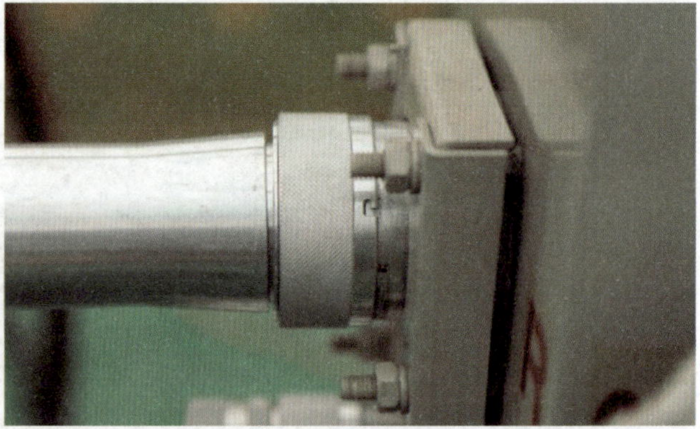

闭锁电缆连接头

（3）检测旁路设备。

1）对组装好的旁路系统进行导通测试。应注意：

①在一端用测试短接线短接三相旁路引下电缆，在另一端进行测量；

②用万用表分别检测旁路回路“A–B”“B–C”之间的导通情况，万用表显示屏上有数值变化，同时有蜂鸣声，则说明旁路回路接续良好。

旁路电缆导通测试

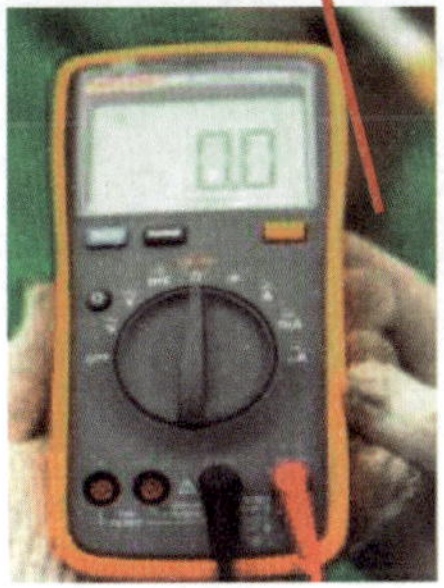

另一端三相短接

2）对组装好的旁路系统进行绝缘电阻测试。应注意：
①应使用 2500V 或 5000V 绝缘电阻测试仪测量绝缘电阻，绝缘电阻值应不小于 500MΩ；
②绝缘电阻测量前，应将旁路负荷开关合闸，两侧电缆头悬空，另一侧派专人看守，防止无关人员靠近；
③绝缘电阻测量完毕后，应用放电棒逐相充分放电，将旁路负荷开关分闸并进行闭锁。

旁路系统绝缘电阻测试

旁路电缆放电

拉开旁路负荷开关

闭锁旁路负荷开关

（七）作业准备

（1）安装绝缘小吊。

1）小吊臂试操作回转、升降、伸缩的过程，确认液压、机械、电气系统正常可靠、制动装置可靠。

2）吊绳试操作，确认下放、回收过程正常可靠。

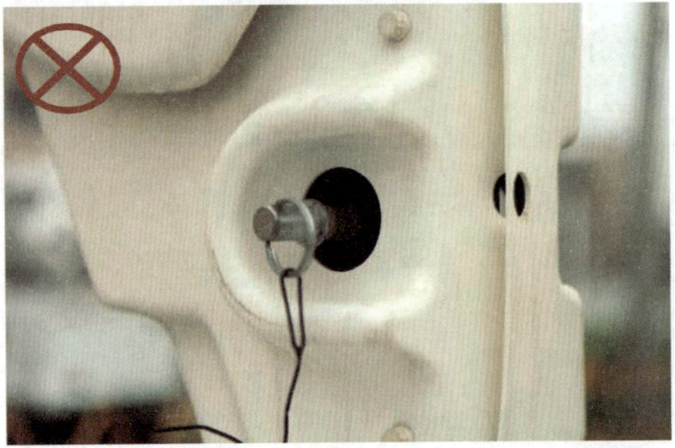

小吊插销未插到位

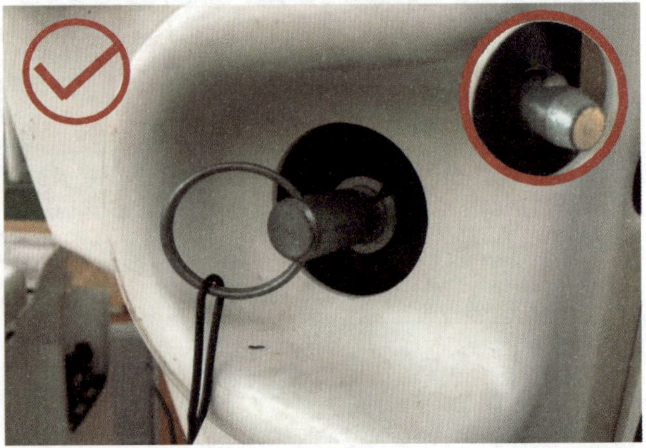

正确安装小吊插销

检查吊钩

试操作小吊

（2）将工器具搬移至绝缘斗内。

1）绝缘毯应用毯夹加以固定。
2）小件工器具宜放在专用的工具袋（箱）内。
3）绝缘工器具不得放在绝缘斗底面上，防止人员踩踏。

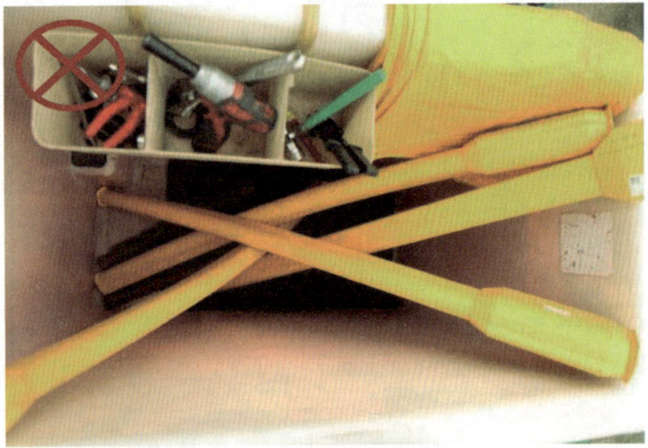

斗内工具乱放

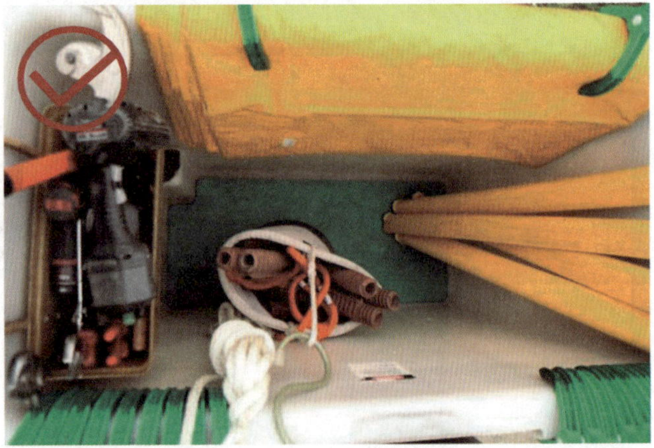

斗内工具放置规范

（3）穿戴个人绝缘防护用具。

1）作业人员应在地面穿戴妥当绝缘安全帽、绝缘服（绝缘披肩）、绝缘手套及防刺穿手套等。
2）穿戴完毕后，由工作负责人进行检查。

正确穿戴个人防护用具

工作负责人检查个人防护用具穿戴

（4）进入工作斗。

进入绝缘斗内，首先应系好安全带。

安全带冲击试验

进入工作斗系好安全带

（八）作业步骤

1. 验电

具体步骤如下：

（1）首先通过验电器自检良好。

（2）在带电体上确认验电器正常。

（3）验明横担和支接线路确无漏电。

（4）在带电体上再次确认验电器良好。

验开关出线桩头

验开关外壳

应注意：

1）伸缩式验电器的有效绝缘长度应不小于0.7m。

2）将验电结果报告工作负责人。

验横担

验顶帽

验主导线

2. 测量负荷电流

应注意：

1）与相邻的异电位导体或构件保持足够的安全距离（相对地不小于 0.4m，相间不小于 0.6m）。

2）记录线路三相负荷电流数值，如不满足要求，应终止本项作业。

测量主导线电流，作业位置错误示范

测量主导线电流

3. 设置内边相绝缘遮蔽措施

（1）应遵循由近及远、先大后小的原则。

（2）遮蔽的部位及顺序为主导线、开关引线、耐张线夹、耐张绝缘子。

应注意：

1）设置导线遮蔽时，应避免导线大幅晃动。

2）绝缘遮蔽接合处的重叠距离不得小于 15cm。

3）与相邻的异电位导体或构件保持足够的安全距离（相对地不小于 0.4m，相间不小于 0.6m）。

设置主导线遮蔽

设置引线遮蔽

设置耐张线夹遮蔽

设置耐张绝缘子遮蔽

4. 设置外边相绝缘遮蔽措施

按照与内边相相同的方法和部位设置绝缘遮蔽措施。

应注意：

1）设置导线遮蔽时，应避免导线大幅晃动。

2）绝缘遮蔽接合处的重叠距离不得小于15cm。

3）与相邻的异电位导体或构件保持足够的安全距离（相对地不小于0.4m，相间不小于0.6m）。

设置主导线遮蔽

设置引线遮蔽

设置耐张线夹遮蔽

设置耐张绝缘子遮蔽

5. 设置中间相绝缘遮蔽措施

按照相同方法设置中间相绝缘遮蔽措施。遮蔽的部位及顺序为主导线、开关引线、耐张线夹。

应注意：

1）设置导线遮蔽时，应避免导线大幅晃动。

2）绝缘遮蔽接合处的重叠距离不得小于15cm。

3）与相邻的异电位导体或构件保持足够的安全距离（相对地不小于0.4m，相间不小于0.6m）。

设置主导线遮蔽

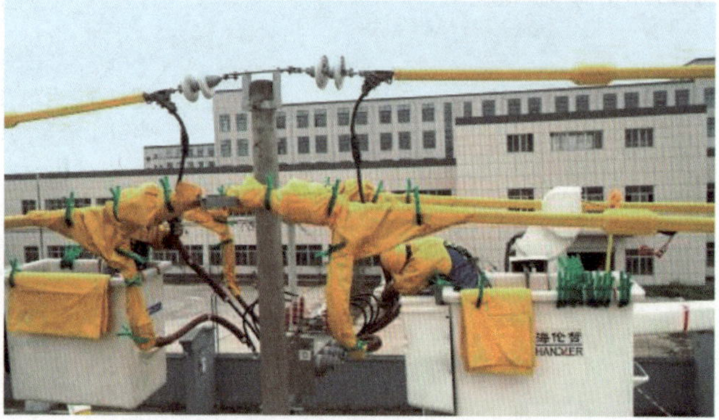
设置引线遮蔽

设置耐张线夹遮蔽

完成三相绝缘遮蔽措施

6. 吊下旁路引下电缆

吊装三相旁路引下电缆顺序为外边相、中间相、内边相。

应注意：

1）悬空的旁路引下电缆端部应进行绝缘遮蔽。

2）悬挂绳套的有效绝缘长度不小于 0.4m。

地面电工配合

外边相

中间相

内边相

7. 带电接两侧旁路引下电缆

（1）旁路引下电缆搭接前，在连接部位清除导线氧化层，并涂抹导电膏。

应注意：

与相邻的异电位导体或构件保持足够的安全距离（相对地不小于 0.4m，相间不小于 0.6m）。

剥除搭接部位绝缘层

清除氧化层

涂抹导电膏

搭接旁路电缆

（2）搭接的顺序为中间相、外边相、内边相。

应注意：

1）搭接后及时恢复导线绝缘遮蔽措施。

2）与相邻的异电位导体或构件保持足够的安全距离（相对地不小于 0.4m，相间不小于 0.6m）。

3）绝缘遮蔽措施应严密、牢固，重叠距离不得小于 15cm。

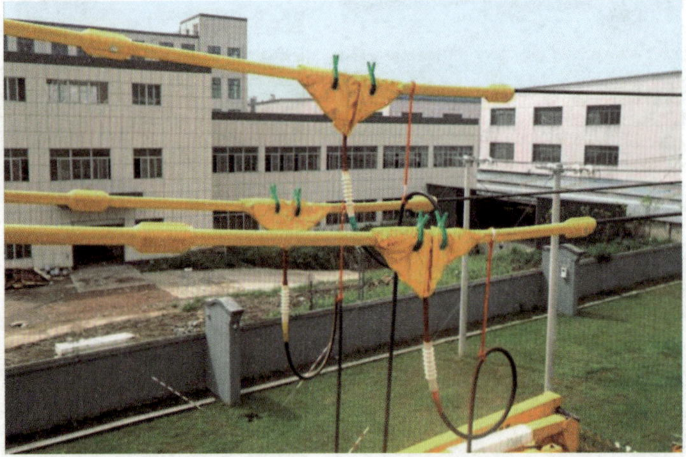

完成三相旁路引下电缆搭接

8. 旁路负荷开关处核相

应注意：

1）检查旁路负荷开关各相连接可靠、相位无误。

2）在旁路负荷开关上核相，确认搭接相位正确。

核相

9. 合上旁路负荷开关

合上旁路负荷开关顺序如下：

（1）确认 SF_6 气体压力表指示正常。

（2）解锁旁路负荷开关。

（3）合上旁路负荷开关。

（4）闭锁旁路负荷开关。

应注意：地面电工应佩戴绝缘手套，并使用绝缘操作棒操作。

确认 SF_6 气体压力表指示正常

解锁旁路负荷开关

合上旁路负荷开关

闭锁旁路负荷开关

10. 检测分流情况

确认旁路系统分流正常。

应注意：

1）每相测试不少于2个点。

2）支路电流不小于总电流的1/4。

检测分流情况

旁路系统回路

柱上开关回路

总电流

11. 拉开柱上开关

拉开柱上开关操作顺序为：

（1）确认 SF_6 气体压力表指示正常。
（2）拉开柱上开关。
（3）确认柱上开关在断开位置。
应注意：使用绝缘操作棒操作。

手拉柱上开关错误示范

确认 SF_6 气体压力表指示正常

拉开柱上开关

12. 测流确认开关在分闸位置

确认柱上开关在分闸位置，每相测流不少于 2 点。

总电流

旁路回路电流

13. 带电断两侧柱上开关引线

带电断两侧柱上开关三相引线顺序为内边相、外边相、中间相。

应注意：

1）用绝缘绳套将开关引线悬挂在相应的主导线上。

2）及时恢复主导线及引线绝缘遮蔽措施。

3）与相邻的异电位导体或构件保持足够的安全距离（相对地不小于 0.4m，相间不小于 0.6m）。

4）悬挂绳套的有效绝缘长度不小于 0.4m。

打开搭接部位绝缘遮蔽措施

断开柱上开关引线

恢复绝缘措施

两侧引线已断开

14. 拆下已断开的两侧引线并固定

应注意：拆下的两侧引线应做临时绑扎固定。

拆下三相引线

临时固定

两侧引线固定

拆开负荷开关接地线

15. 拆下旧柱上开关

应注意：

1）绝缘斗臂车应垂直起吊，并满足荷载要求。

2）小吊臂操作不得与大臂同步进行。

3）开关起吊前，应绑好开关绝缘控制绳。

进行试吊

绑好控制绳

绑好控制绳

吊下柱上开关

16. 安装新柱上开关

应注意：

1）应垂直起吊，开关起吊离地约 0.5m 时检查开关力情况良好，应绑好开关绝缘控制绳。

2）小吊臂操作不得与大臂同步进行。

3）柱上开关在安装后用绝缘操作棒进行试拉合操作，并确认新柱上开关在分闸位置。

进行试吊

固定柱上开关

拆除小吊绳

确认开关在分闸位置

17. 将两侧引线悬挂在各自主导线上

应注意：

1）用绝缘绳套将开关引线悬挂在相应的主导线上。

2）及时恢复主导线及引线绝缘遮蔽措施。

3）悬挂绳套的有效绝缘长度不小于 0.4m。

悬挂开关两侧引线

18. 带电接两侧柱上开关引线

（1）搭接开关引线的步骤如下：

1）打开主导线遮蔽。

2）清除导线氧化层并涂抹导电膏。

3）搭接引线并做绝缘防水处理。

4）恢复搭接处的绝缘遮蔽措施。

打开绝缘遮蔽措施

（2）搭接引线顺序为中间相、外边相、内边相。

应注意：

1）及时恢复导线绝缘遮蔽措施。

2）与相邻的异电位导体或构件保持足够的安全距离（相对地不小于0.4m，相间不小于0.6m）。

3）绝缘遮蔽隔离措施应严密、牢固，绝缘遮蔽接合处的重叠距离不得小于15cm。

清除氧化层

涂抹导电膏

搭接引线

绝缘防水处理

恢复绝缘遮蔽措施

拆除悬挂绳

完成两侧三相引线搭接

19. 合上柱上开关

合上柱上开关的顺序为：

（1）确认 SF_6 气体压力表指示正常。

（2）合上柱上开关。

（3）确认柱上开关在合闸位置。

> 应注意使用绝缘操作棒操作。

确认 SF_6 气体压力表指示正常

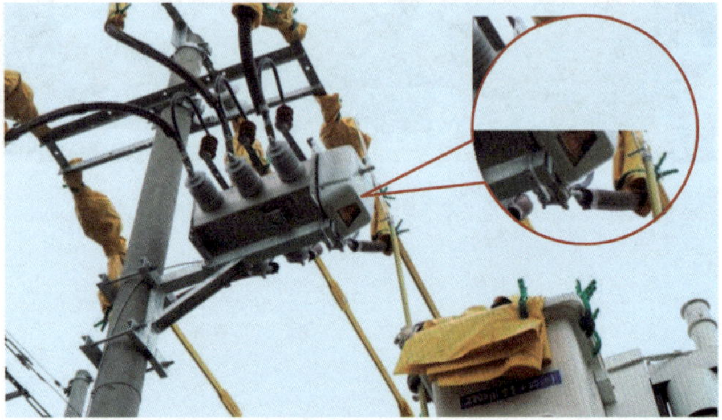

合上并确认柱上开关在合闸位置

20. 检测分流情况

确认柱上开关分流正常。

应注意：

1）测试不少于2点。

2）支路电流不小于总电流的1/4。

检测分流情况

旁路系统回路

柱上开关回路

总电流

21. 拉开旁路负荷开关

拉开旁路负荷开关操作顺序为：

（1）确认 SF_6 气体压力指示正常。

（2）解锁旁路负荷开关。

（3）拉开旁路负荷开关。

（4）闭锁旁路负荷开关。

> 应注意：地面电工应佩戴绝缘手套，并使用绝缘操作棒操作。

确认 SF_6 气体压力指示正常

解锁旁路负荷开关

拉开旁路负荷开关

闭锁旁路负荷开关

22. 检测分流情况

2 号车斗内电工用高压钳形电流表测量旁路引下电缆电流，确认分流正常。

应注意：每相旁路引下电缆确无电流。

检测分流情况

旁路系统回路

柱上开关回路

总电流

23. 带电断开两侧旁路引下电缆

断开旁路引下电缆的顺序为内边相、外边相、中间相。

应注意：

1）对搭接处进行绝缘防水处理。

2）及时恢复主导线及旁路引线电缆绝缘遮蔽措施。

3）与相邻的异电位导体或构件保持足够的安全距离（相对地不小于 0.4m，相间不小于 0.6m）。

4）绝缘遮蔽隔离措施应严密、牢固，绝缘遮蔽接合处的重叠距离不得小于 15cm。

打开绝缘遮蔽

断开旁路电缆

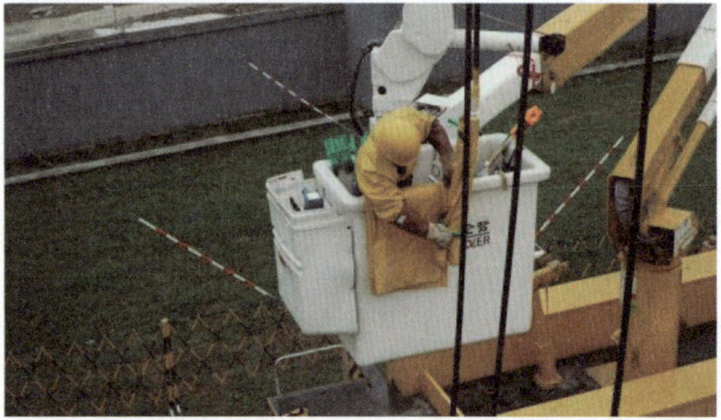

恢复旁路电缆头绝缘遮蔽

主导线绝缘防水处理

恢复主导线绝缘遮蔽

已断开三相旁路电缆

24. 吊下电缆并放电

将两侧三相旁路电缆传递至地面的顺序为内边相、中间相、外边相。

应注意：

1）地面电工应戴绝缘手套，对旁路电缆进行放电。

2）合上旁路负荷开关，对每相旁路电缆进行充分放电。

3）放电完成后，拉开旁路负荷开关。

拆下内边相旁路电缆

拆下中间相旁路电缆

拆下外边相旁路电缆

已拆除两侧旁路电缆

放电

25. 拆除中间相绝缘遮蔽措施

拆除中相绝缘遮蔽措施的顺序为：耐张线夹、柱上开关引线、主导线。

拆除耐张线夹遮蔽

> 应注意：
>
> 1）拆除导线遮蔽时，应避免导线大幅晃动。
>
> 2）与相邻的异电位导体或构件保持足够的安全距离（相对地不小于 0.4m，相间不小于 0.6m）。

拆除柱上开关引线遮蔽

拆除主导线遮蔽

26. 拆除外边相绝缘遮蔽

按相同方法，拆除外边相导线绝缘遮蔽措施的顺序为耐张绝缘子、线夹、柱上开关引线、主导线。

拆除耐张绝缘子遮蔽

拆除耐张线夹遮蔽

拆除柱上开关引线遮蔽

拆除主导线遮蔽

27. 拆除内边相绝缘遮蔽措施

按相同方法，拆除内边相导线绝缘遮蔽措施的顺序为耐张绝缘子、线夹、柱上开关引线、主导线。

拆除耐张绝缘子遮蔽

拆除耐张线夹遮蔽

拆除柱上开关引线遮蔽

拆除主导线遮蔽

28. 工作验收和人员撤离

1）作业人员应检查工作地段的状况，确认无遗留物。

2）经工作负责人许可后离开作业区域。

3）斗内作业人员落地后，方能摘除绝缘防护用具。

检查工作地段的状况，确认无遗留物

斗内作业人员落地

29. 拆除旁路设备

班组成员一起配合拆除旁路负荷开关、绝缘横担、旁路电缆。

拆开旁路电缆与旁路负荷开关连接

拆除绝缘横担

拆除旁路负荷开关

（九）现场收工会

工作负责人组织召开现场收工会，对本次工作的施工质量、安全措施落实情况、规程执行情况进行总结和点评工作。

召开现场收工会

（十）工作终结

作业结束后，工作负责人应及时向值班调控人员汇报，并终结工作票。停用线路重合闸的作业，应向值班调控人员申请恢复线路重合闸。

联系调度恢复重合闸

（十一）清理场地

工作班成员整理工具、材料，将工器具清洁后放入专用的箱（袋）中。清理现场，做到工完料尽场地清。

整理装箱

撤离现场

安全防护篇

一 防止高空坠落

（1）绝缘斗臂车的支撑应稳固可靠，机身倾斜不得超过制造厂的规定，应有防倾覆措施，防止斗臂车倾倒。

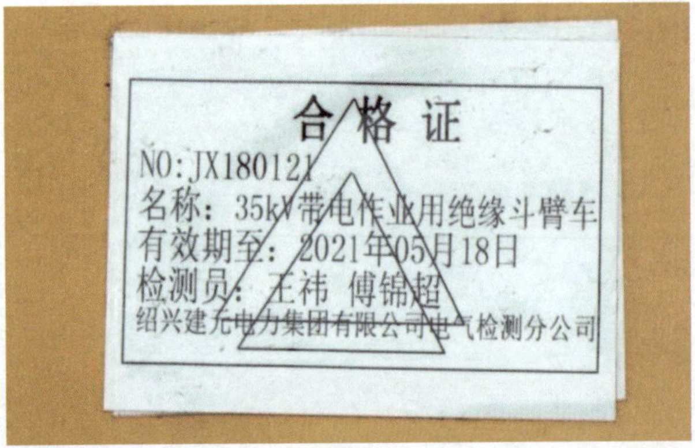

试验合格证

车辆具备防倾覆措施

（2）进入绝缘斗应系好安全带，防止作业时人体重心偏移引起高空坠落。

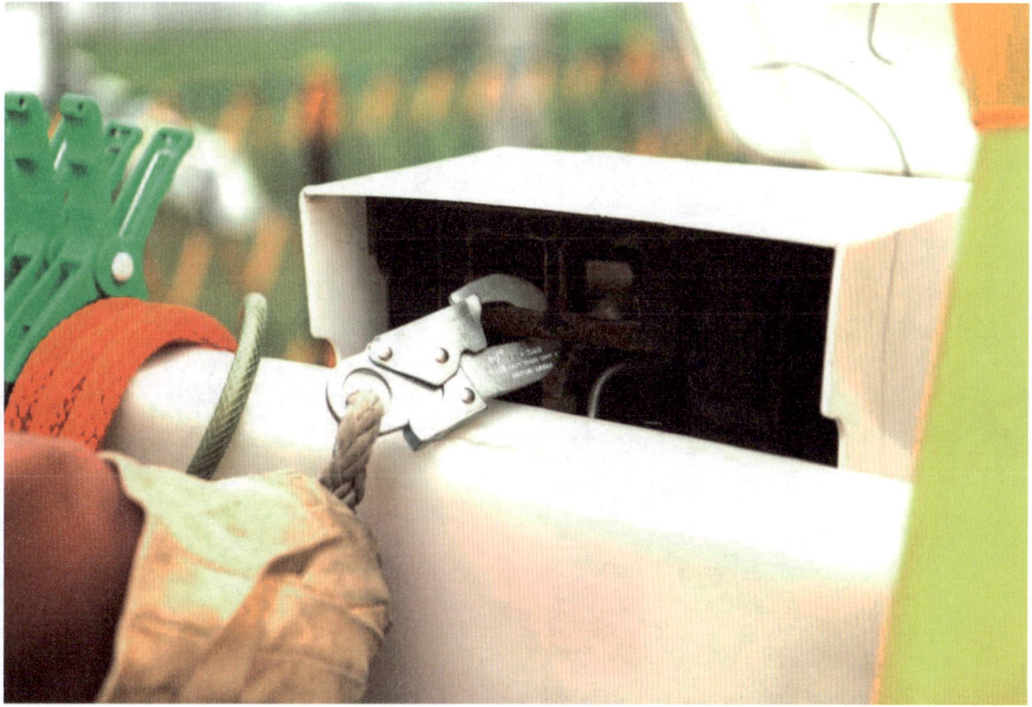

进入绝缘斗立即系好安全带

（3）斗内应铺设防滑绝缘垫，防止脚下打滑。

未使用防滑垫

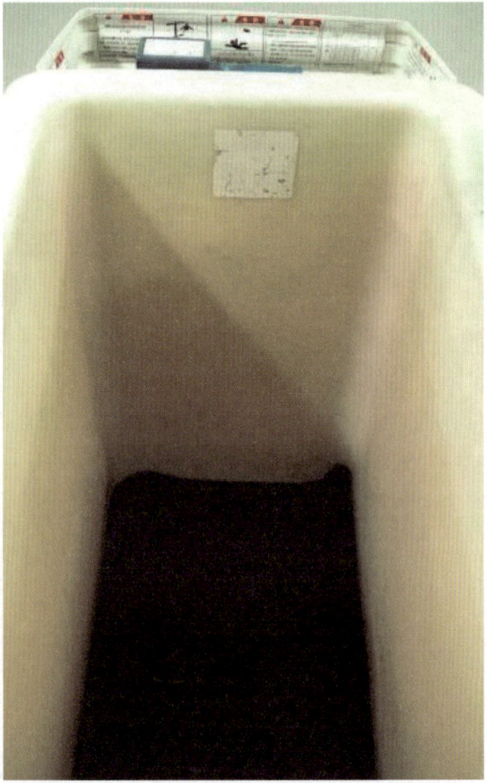

使用防滑垫

（4）作业人员和工器具的总重量应不大于绝缘斗的额定载荷，防止绝缘斗臂车工作斗超载。

工作斗载荷包含作业人员和工器具的总重量

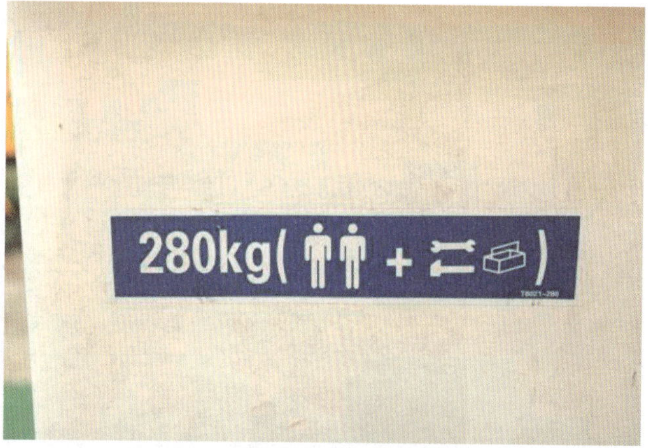

工作斗核定载荷

二 防物体打击

（1）检查电杆埋深、基础等应符合要求，防止倒杆。

检查杆根基础

检查电杆埋深

（2）作业人员应将斗内工器具应加以固定，防止引起高空落物。

工具未固定

工具已固定

（3）上下传递工具、材料应使用绝缘绳索，严禁抛掷。

上下抛掷工具

使用绝缘绳上下传递工器具

（4）作业时，地面人员禁止站在绝缘斗臂车的工作臂、绝缘斗的下方。

地面人员在绝缘斗臂车的工作臂、绝缘斗下方

地面人员在绝缘斗臂车的工作臂、绝缘斗区域外

（5）作业时，地面人员禁止站在作业落物区的范围内。

地面人员在高空落物区域下方

地面人员在高空落物区域外

（6）绝缘遮蔽用具使用时应固定牢固，防止引起高空落物。

未使用的绝缘遮蔽用具未固定牢固

未使用的绝缘遮蔽用具已固定牢固

（7）绝缘斗臂车操作时，应注意观察周围，绝缘斗的起升、下降速度不应不小于 0.5m/s，斗臂车回转时，作业斗外缘的线速度不应超过 0.5m/s，防止绝缘斗及人员与周围物体发生碰撞。

回转平稳

（8）在挂设旁路引下电缆时，应注意绑扎牢固，防止电缆脱落。

上下传递绑扎不牢固

上下传递绑扎牢固

（9）应在开关固定螺栓拆除前及固定之后，才能松开小吊绳，防止开关意外掉落。

开关拆除前未采取吊绳固定

开关拆除前应采取吊绳固定

三 防电弧及触电伤害

（1）旁路负荷开关应可靠接地，防止地面人员可能引起接触电压触电。

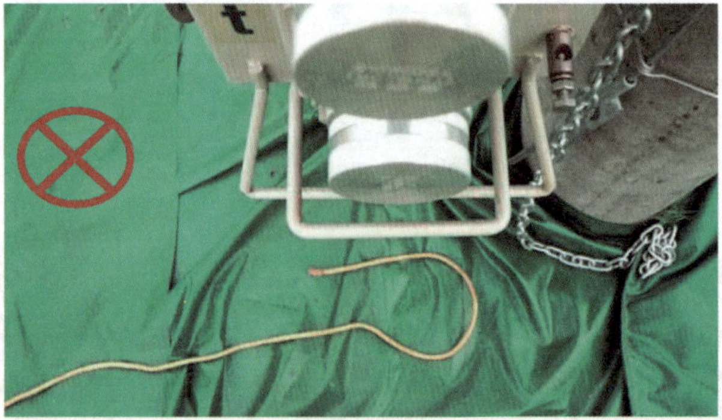

旁路负荷开关未进行外壳接地

连接负荷开关接地桩

旁路负荷开关应进行外壳接地

（2）旁路设备及柱上开关应检测绝缘电阻，防止相间、相地短路。

检测旁路系统绝缘电阻

检测柱上负荷开关绝缘电阻

（3）旁路设备绝缘检测或带电断开后，应及时充分放电，防止触电。

检测完成充分放电

（4）作业人员双手应始终接触同一电位，严禁一手握导线、一手握旁路引下电缆或引线，防止发生人体串接情况。

作业人员串入电路

双手持引流线安装

（5）合上旁路负荷开关及新柱上开关前，应核对相位正确，防止造成相间短路。

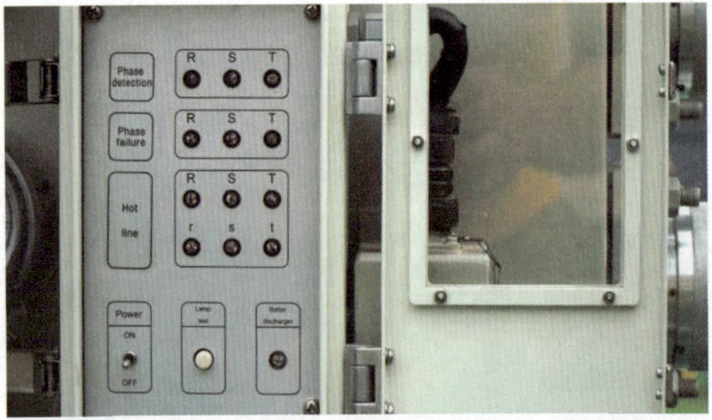

旁路负荷开关核相仪

检查旁路系统接线

（6）旁路系统或新柱上开关投运后，应检测确认分流正常，防止带负荷分闸造成停电。

检测确认分流正常

记录各测量点电流

（7）斗内作业人员应按要求穿戴个人防护用具，禁止带电作业过程中摘下绝缘防护用具。

作业人员摘下绝缘防护用具

带电作业过程中摘下绝缘防护用具

（8）作业前，应验明横担、支架确认无漏电，防止更换绝缘失效的设备。

对横担进行验电

（9）带电作业时，与相邻的异电位导体或构件保持不小于 0.4m 的安全距离。

作业中保持足够的安全距离

（10）绝缘遮蔽隔离措施应严密、牢固，绝缘遮蔽接合处的重叠距离不得小于 15cm。

绝缘遮蔽重叠距离不得小于 15cm

（11）作业时绝缘承力工具和绝缘绳索的有效绝缘长度应不小于 0.4m。

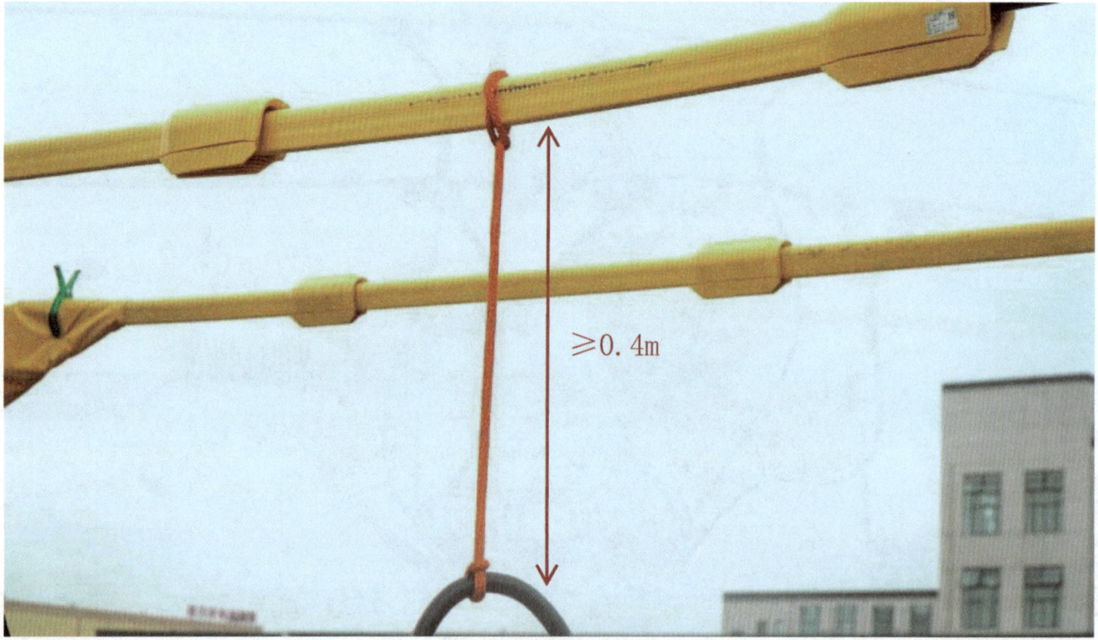

绝缘绳索的有效绝缘长度应不小于 0.4m

（12）作业时绝缘臂的有效绝缘长度应不小于 1m。

绝缘臂的有效绝缘长度应不小于 1m

（13）绝缘斗臂车的金属部分在仰起、回转运动中，与带电体间的安全距离不得小于 0.9m。

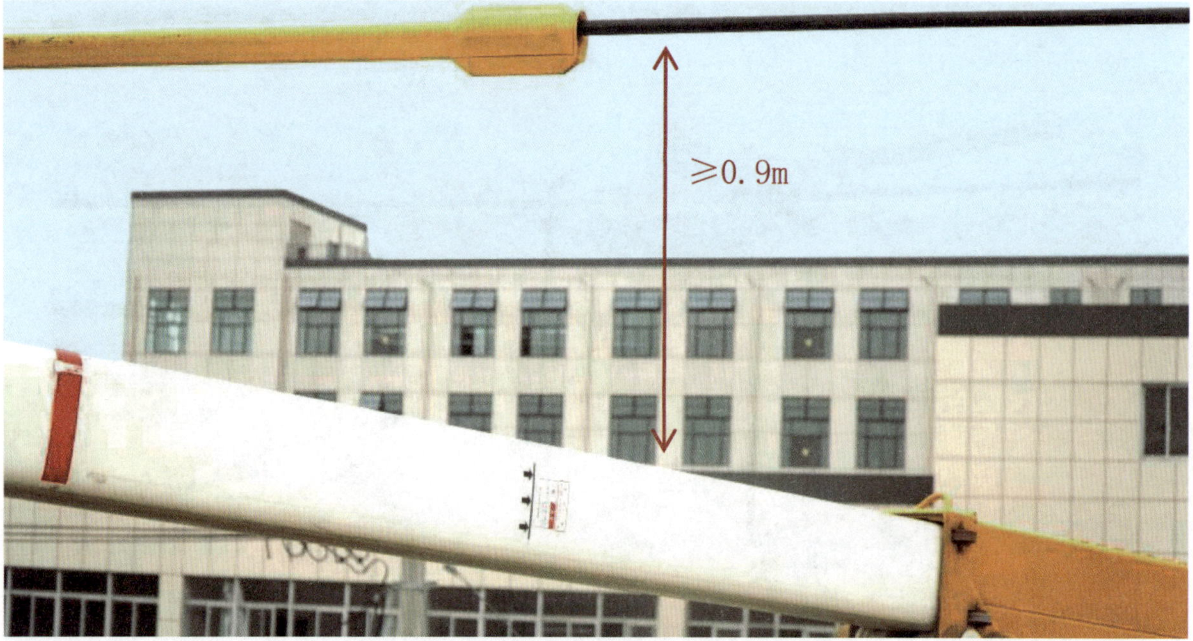

与带电体间的安全距离不得小于 0.9m

（14）绝缘斗臂车应可靠接地，防止地面人员引起接触电压触电。

绝缘斗臂车可靠接地

● 绝缘手套作业法带负荷更换柱上开关 ●

施工质量篇

一 引线安装

（1）开关、避雷器引线弧度均匀，引线与地电位构件的距离应不小于0.2m，相间不小于0.3m。

引线与地电位构件满足安全距离

（2）每相引线的线夹不少于 2 个，引线穿出线夹的长度为 2～3cm，线夹之间应留出一个线夹的宽度。

引线端部用胶带封头

双线夹连接固定

（3）开关出线连接处、引线与主导线连接处都清除氧化层、涂抹导电脂，连接应牢固、可靠。

清除氧化层、涂抹导电脂

（4）引线铜铝接线端子压接应符合施工质量标准：压接后应挫平飞边、毛刺；压接后有裂纹，应开断后重压；压接模少于 2 道，压接后剥除的引线裸露部分超过 5mm。

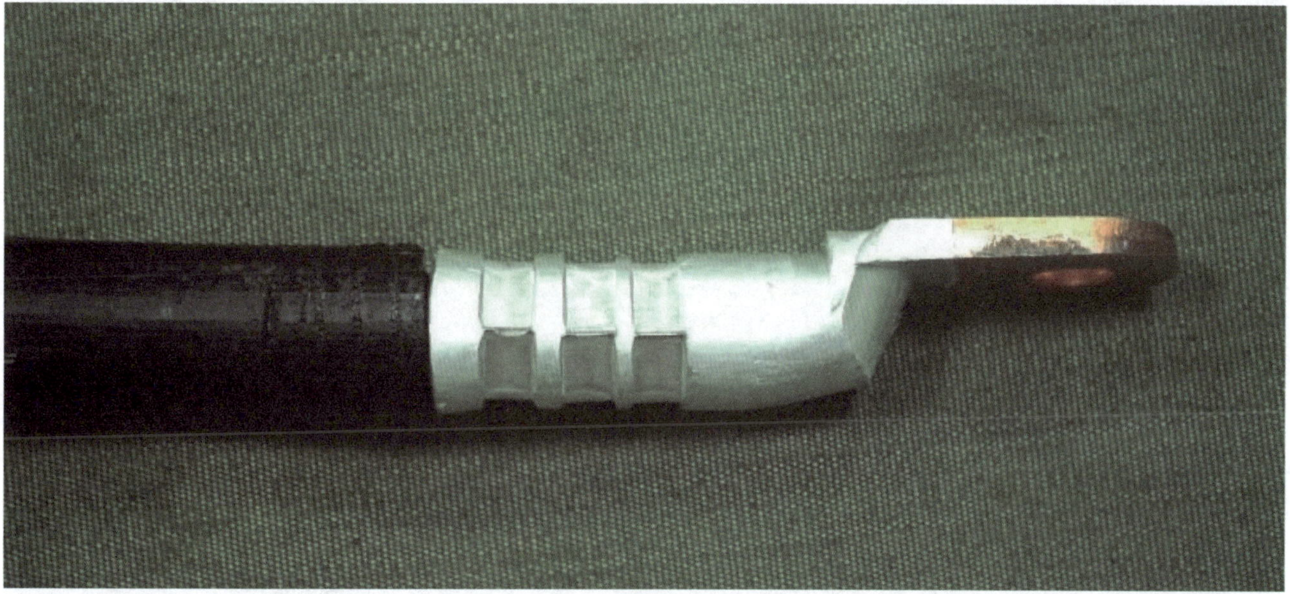

引线铜铝接线端子

（5）开关引线应用绝缘自黏胶带做防水处理。

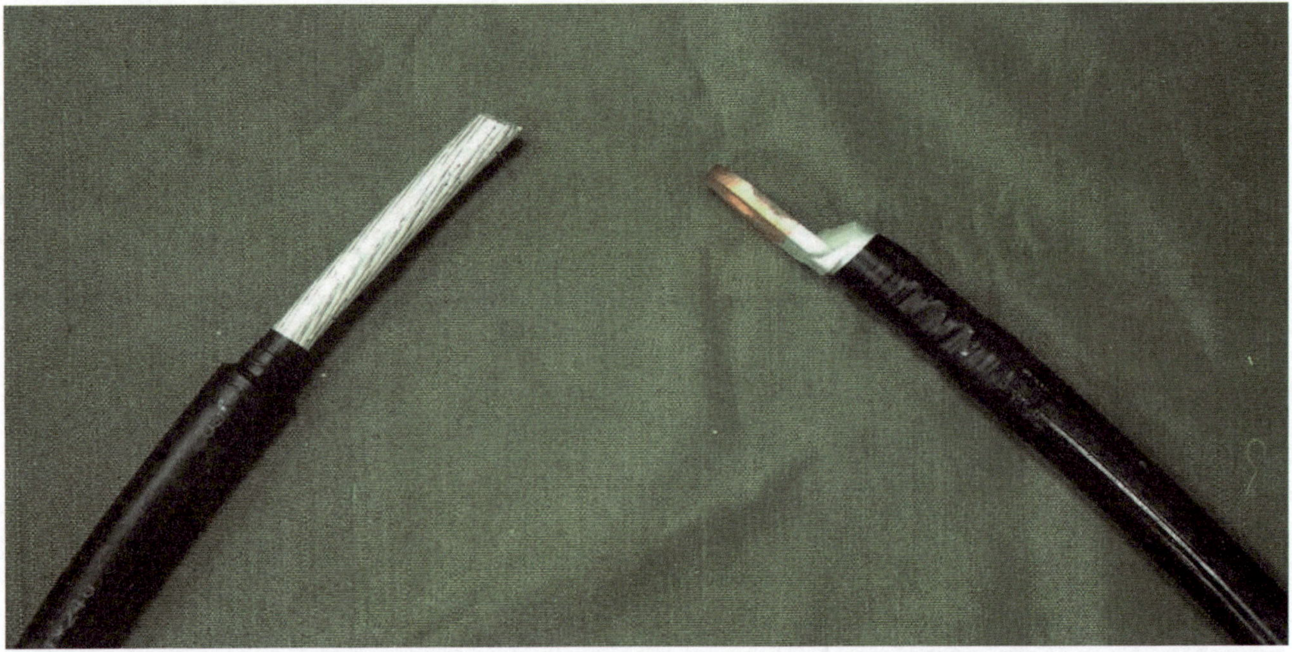

开关引线端部防水处理

（6）旁路柔性电缆断开后，应及时恢复主导线绝缘。

恢复搭接处主导线绝缘包覆

恢复主导线绝缘遮蔽措施

二 柱上开关安装

（1）柱上开关外壳接地可靠，接地引下线应该牢固，接地电阻值符合规定。

柱上负荷开关外壳可靠接地

（2）水平倾斜不小于托架长度的 1/1000。

柱上负荷开关托架水平倾斜符合要求

（3）外壳干净，不应该有漏油现象，气压不低于规定值。

柱上负荷开关气体压力符合要求

（4）机构操作灵活，分、合位置指示正确可靠。

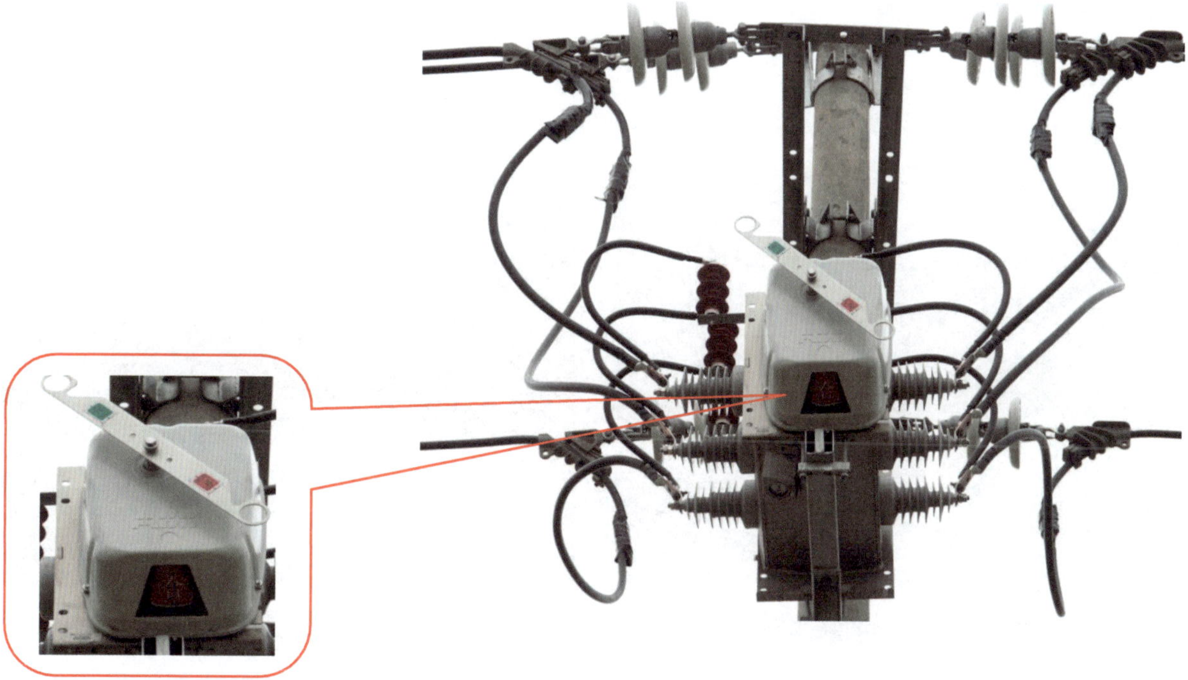

柱上负荷开关分、合闸指示正确

三 旁路设备安装

（1）应避免旁路电缆与地面直接摩擦。

旁路电缆与地面直接摩擦

避免旁路电缆敷设时与地面直接摩擦

（2）旁路负荷开关可靠接地，接地电阻符合要求。

开关外壳接地桩连接

旁路负荷开关外壳应可靠接地

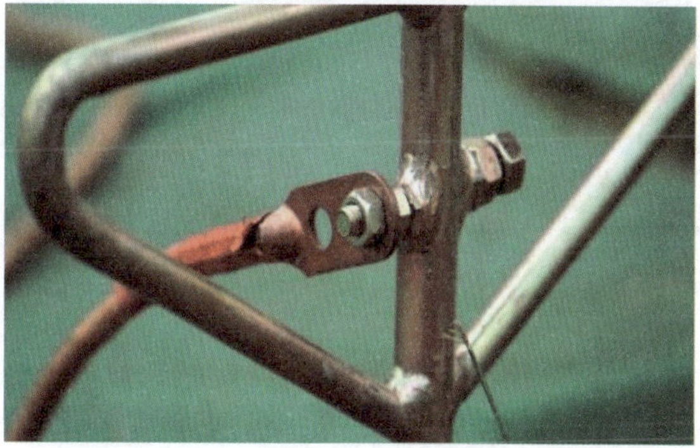

旁路负荷开关接地桩连接

（3）旁路负荷开关、余缆支架应安装牢固。

已安装完成的旁路负荷开关与绝缘横担

（4）对接安装时，应对旁路负荷开关及电缆连接件进行清洁与润滑。

清洁旁路负荷开关出线桩头

旁路负荷开关出线桩头涂硅脂

清洁旁路引下电缆快插头

旁路引下电缆快插头涂硅脂

（5）旁路负荷开关连接头不应受力。

旁路负荷开关连接头受力

旁路负荷开关连接头不应受力

（6）旁路负荷开关两侧连接的电缆相色应一致。

旁路负荷开关接线错误

旁路负荷开关两侧接线正确

（7）旁路负荷开关与电缆连接后应可靠闭锁。

未闭锁

（8）旁路负荷开关应及时闭锁。

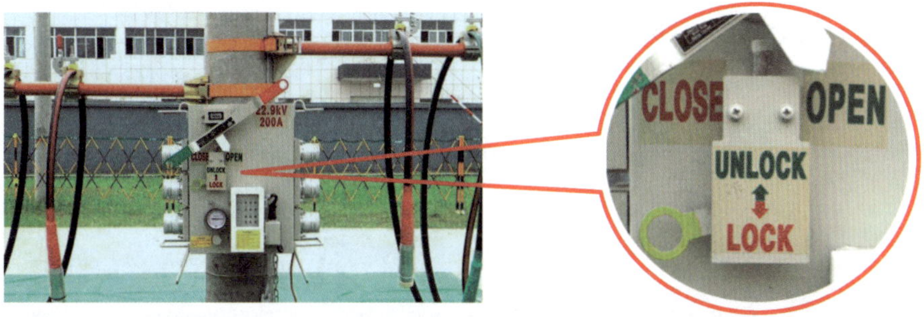

旁路负荷开关分闸

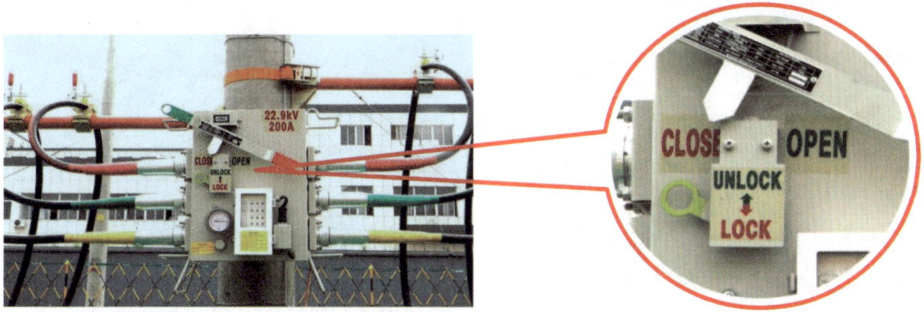

旁路负荷开关合闸闭锁

（9）旁路电缆与主导线连接处去氧化层及涂导电膏，安装牢固。

清除主导线氧化层

旁路电缆与主导线连接可靠

涂导电膏

（10）旁路电缆可弯曲半径不得小于 8 倍的电缆外径。

已连接好的旁路开关

配网不停电作业

一线员工作业一本通

绝缘手套作业法带负荷直线杆改耐张杆

国网浙江省电力有限公司　组编

中国电力出版社
CHINA ELECTRIC POWER PRESS

内容提要

本书主要介绍10kV配网不停电作业项目中的绝缘杆作业法带电更换熔断器、绝缘手套作业法带负荷更换柱上开关、绝缘手套作业法带负荷直线杆改耐张杆三个作业方法，围绕现场作业篇、安全防护篇、施工质量篇三个方面，通过大量图片，对各作业项目的全流程进行了讲解和演示，对生产实践具有很强的指导性。本分册为绝缘手套作业法带负荷直线杆改耐张杆分册。

本书可供配网不停电作业基层管理者和一线员工培训和自学使用。

图书在版编目（CIP）数据

绝缘手套作业法带负荷直线杆改耐张杆 / 国网浙江省电力有限公司组编．—北京：中国电力出版社，2021.11
（配网不停电作业一线员工作业一本通；3）
ISBN 978-7-5198-5967-1

Ⅰ.①绝…　Ⅱ.①国…　Ⅲ.①开关—设备更换—带电作业　Ⅳ.①TM56

中国版本图书馆CIP数据核字（2021）第185472号

出版发行：中国电力出版社
地　　址：北京市东城区北京站西街19号
邮政编码：100005
网　　址：http://www.cepp.sgcc.com.cn
责任编辑：穆智勇
责任校对：黄　蓓　郝军燕
装帧设计：赵丽媛
责任印制：石　雷

印　　刷：河北鑫彩博图印刷有限公司
版　　次：2021年11月第一版
印　　次：2021年11月北京第一次印刷
开　　本：880毫米×1230毫米　横32开本
印　　张：14.25
字　　数：395千字
印　　数：0001—1000册
定　　价：72.00元（全三册）

《配网不停电作业一线员工作业一本通》

编　委　会

主　编　徐定凯

副主编　钱　江

委　员　高旭启　平　原　李　晋　杨晓翔　周　兴　章锦松

编　写　组

组　长　高旭启

副组长　章锦松　李　晋

成　员　周　兴　赵鲁冰　钱　栋　钟全辉　包益能　周利生　周明杰　周连水
胡　伟　施震华　林通龙　金乾峰　支文超　陆佳炜

前　言

为了不断提升 10kV 配网的供电可靠性，减少停电检修给用户带来影响，10kV 配网不停电作业已逐渐成为配网的主要检修方式。目前，10kV 配网不停电作业包括绝缘手套作业法和绝缘杆作业法两种主要作业方法，其具有较高的作业安全性和便利性。其中，绝缘杆作业法带电更换熔断器、绝缘手套作业法带负荷更换柱上开关、绝缘手套作业法带负荷直线杆改耐张杆是 10kV 配网不停电作业中难度系数较大的项目，也是复杂项目中应用较多的项目。

为进一步提高 10kV 配网不停电作业一线员工的技能水平和作业安全性，国网浙江省电力有限公司培训中心组织编写了讲解这三种作业法的《配网不停电作业一线员工作业一本通》，作为一线员工的培训教材。

在编写过程中，编写组按照作业项目的基本流程，在保证各环节符合规范要求的基础上，形成本书的文字内容。并根据文本内容，请一线专家实际演示，自编、自导、

自演拍摄了大量的图片，对作业项目中杆上作业的主要危险点和施工质量进行预控说明和规范展示，对作业项目的具体操作起到规范作用。

本书分为《绝缘杆作业法带电更换熔断器》《绝缘手套作业法带负荷更换柱上开关》《绝缘手套作业法带负荷直线杆改耐张杆》三个分册，着重围绕现场作业篇、安全防护篇、施工质量篇等内容，对作业项目的基本流程、现场规范作业、现场安全行为、工艺质量等进行了讲解，具备很强的实用性。

本书的编写得到了杨晓翔、周兴、钱栋、钟全辉、包益能等劳模专家的大力支持，在此谨向参与本书编写、研讨、审稿、业务指导的各位领导、专家和有关单位致以诚挚的感谢！

由于编者水平所限，疏漏之处在所难免，恳请各位领导、专家和读者提出宝贵意见！

本书编写组

2021 年 10 月

目录 / Contents

绝缘手套作业法带负荷直线杆改耐张杆

作业线路装置概况

- 作业项目：绝缘手套作业法带负荷直线杆改耐张杆
- 主线路装置：单回路三角排列；架空绝缘导线

现场作业篇

一 现场勘察

（一）现场勘察组织

（1）带电作业应组织现场勘察。

（2）现场勘察由工作负责人、设备运维管理单位（用户单位）和检修（施工）单位相关人员参加。

（3）填写现场勘察记录。

现场勘察

填写勘察记录

（二）现场勘察要点一

线路负荷电流是否符合作业用绝缘引流线的使用条件：

（1）核对线路运行负荷，设备运维管理单位与调控单位联系核对线路近期运行负荷数据，预估作业点导线负荷电流。

（2）必要时，使用钳形电流表测量作业点导线电流。

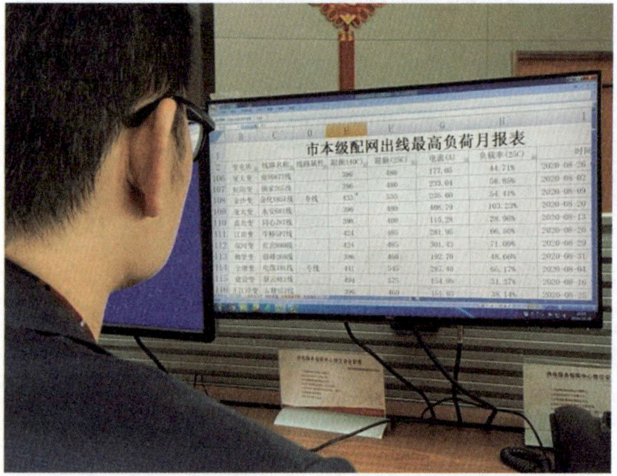

查询线路电流数据

使用钳形电流表测量电流

（三）现场勘察要点二

线路装置是否符合带电作业条件：

（1）电杆及埋深、基础、拉线等是否符合要求。
（2）主导线有无烧损情况，直线杆两侧导线弧垂情况，两侧档距差异情况。

电杆及埋深、基础、拉线等是否符合要求

主导线有无烧损情况，直线杆两侧导线弧垂情况，两侧档距差异情况

（3）作业点相邻两基电杆及杆上导线固定情况。

（4）作业点直线杆横担及杆头顶帽型式。

（5）杆头带电部位及地电位构件。

作业点相邻两基电杆及杆上导线固定情况

作业点直线杆横担及杆头顶帽型式

杆头带电部位及地电位构件

（四）现场勘察要点三

作业现场环境及其他影响作业的危险点。

交叉跨越情况

作业点交通状况

车辆停放位置地面、道路管道情况，绝缘斗臂车车辆接地位置

作业点周围环境状况

（五）移交勘察记录

（1）现场勘察后，现场勘察记录应送交工作票签发人、工作负责人及相关各方，确定作业方式。

（2）现场勘察记录可作为填写、签发工作票和编制现场作业指导书的依据。

移交现场勘察记录

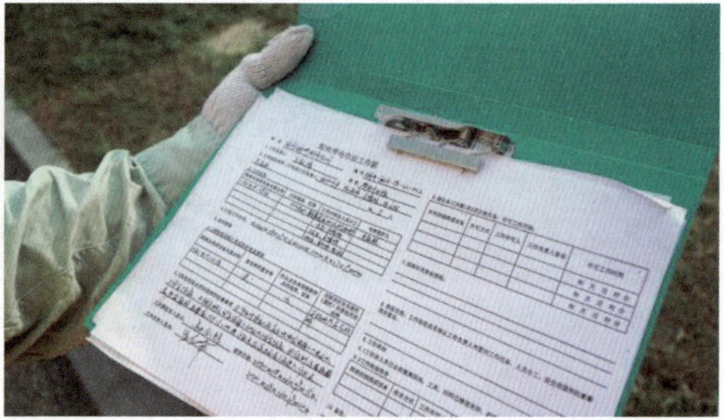

填写工作票

二 工器具和材料准备

1. 工器具

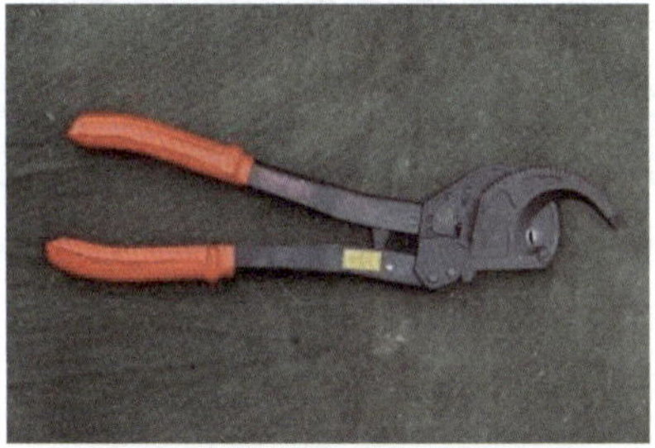

断线钳

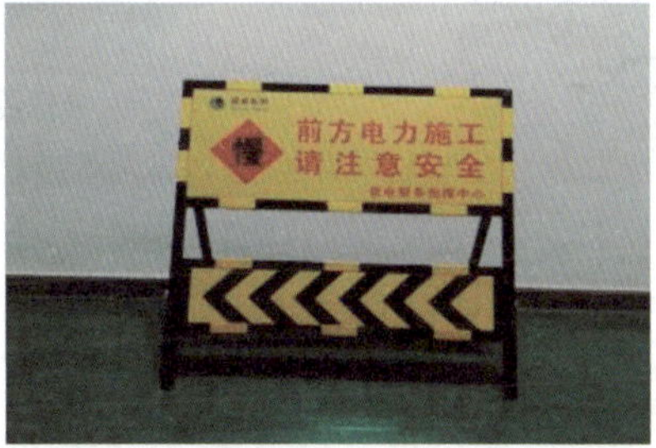

道路施工警示牌

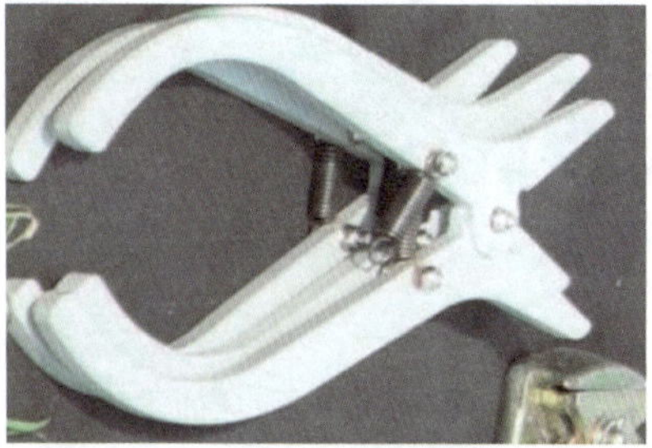

电杆夹

护目镜

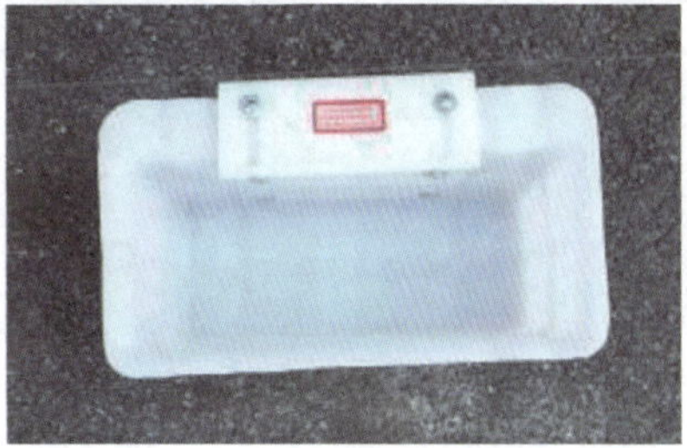

工具袋（箱）

防潮布

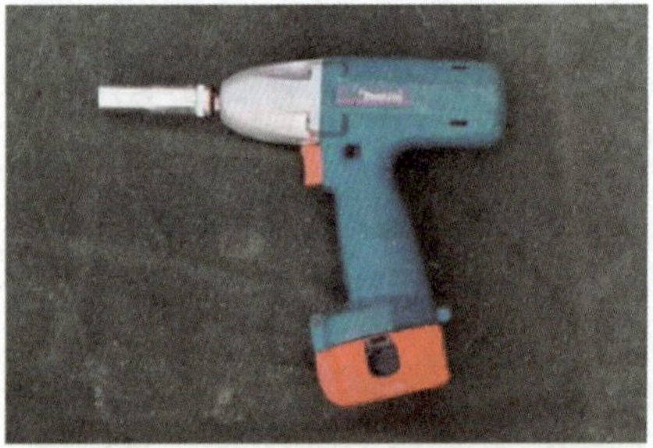

电动扳手

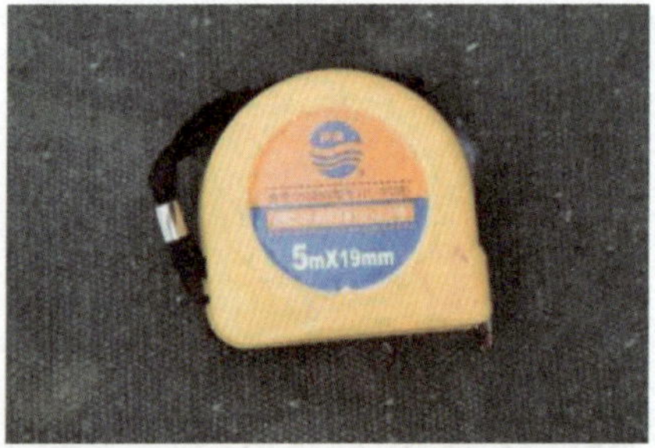

钢卷尺

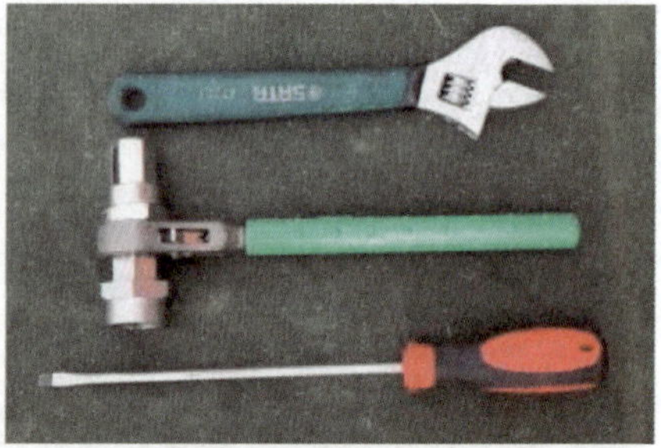

个人常用工具

本作业项目所需的其他工器具有防潮垫、安全围栏。

卡线器

标示牌

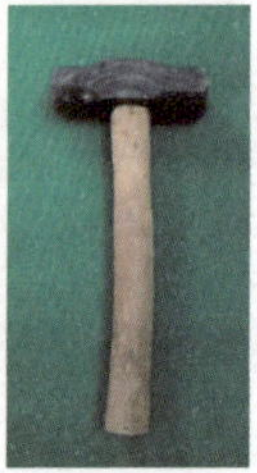

榔头

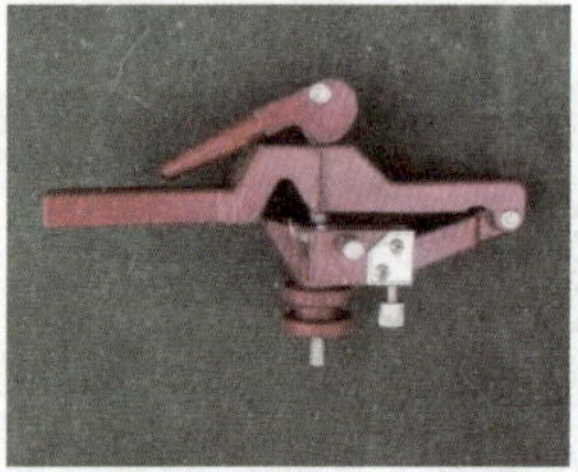

剥皮器

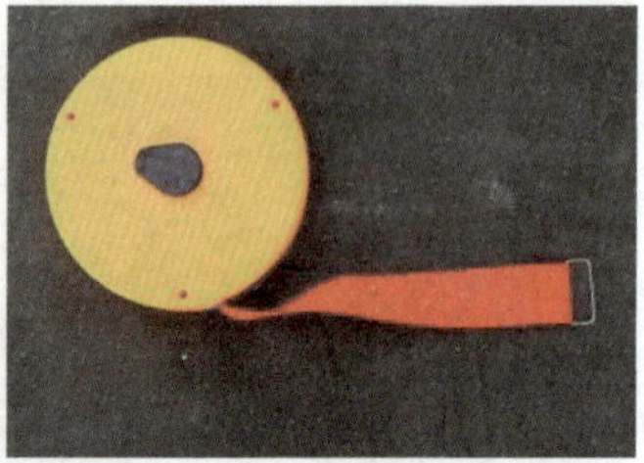

警示带

2. 个人安全防护用具

绝缘安全帽

绝缘靴

工作负责人马甲

绝缘衣（披）肩

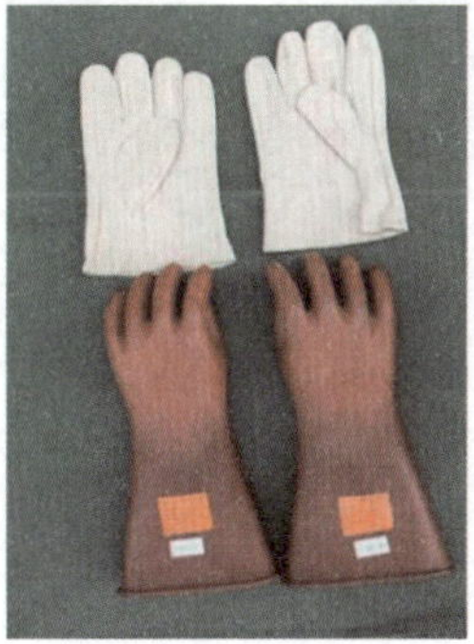

绝缘手套及羊皮手套

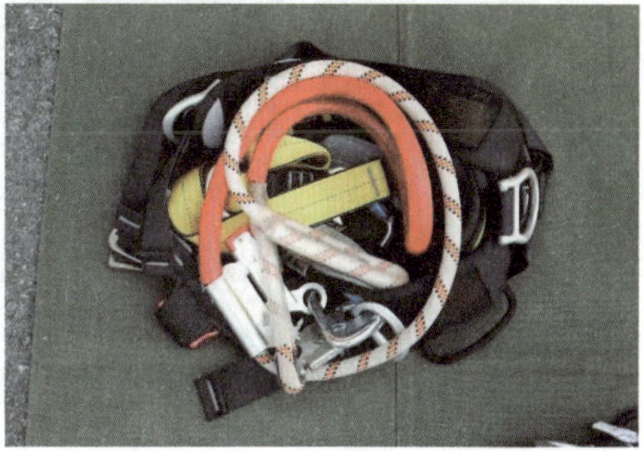

安全带

3. 绝缘遮蔽用具

绝缘引流线

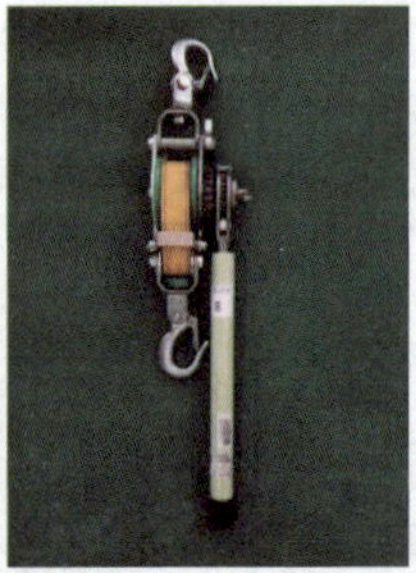

绝缘紧线器

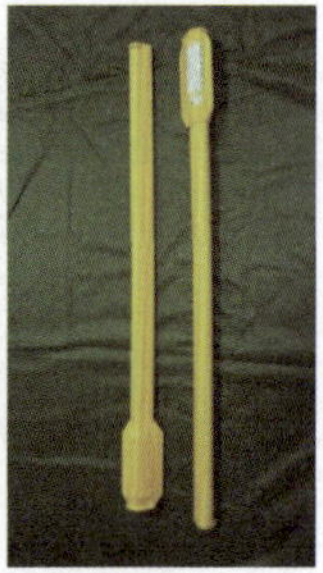

导线遮蔽管

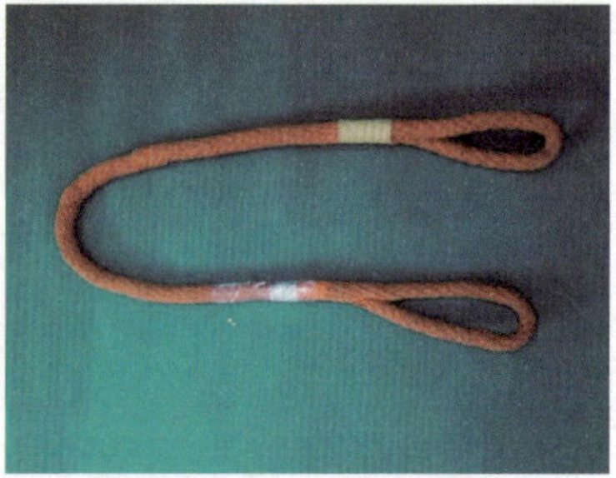

绝缘绳套

跳线遮蔽管

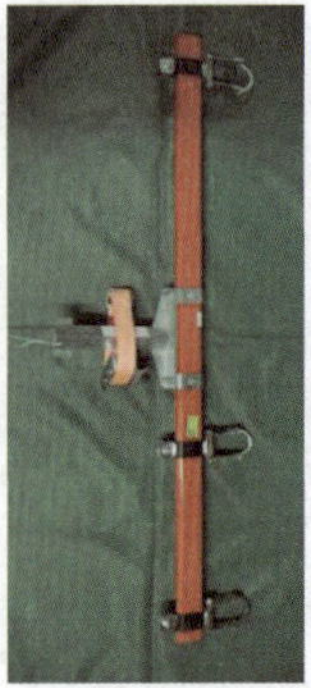

绝缘横担

绝缘绳

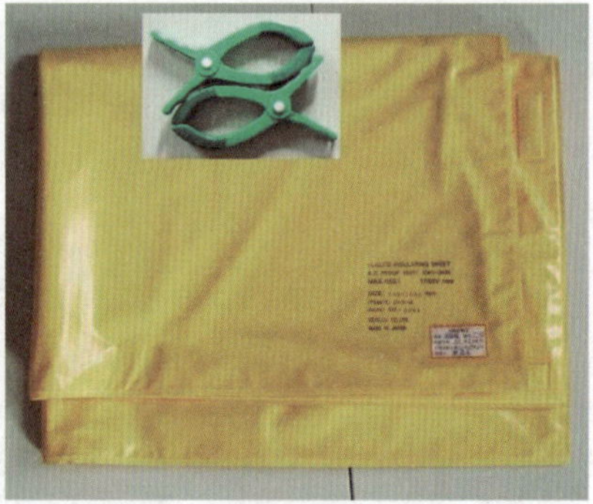

绝缘包毯

4. 仪器仪表

风速仪

温湿度计

绝缘电阻检测仪

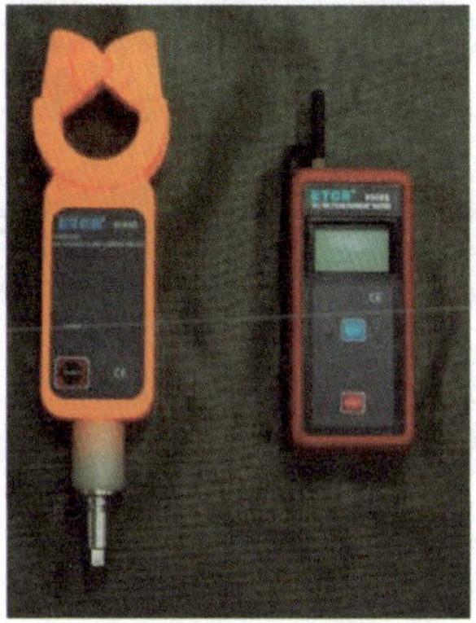

钳形电流表

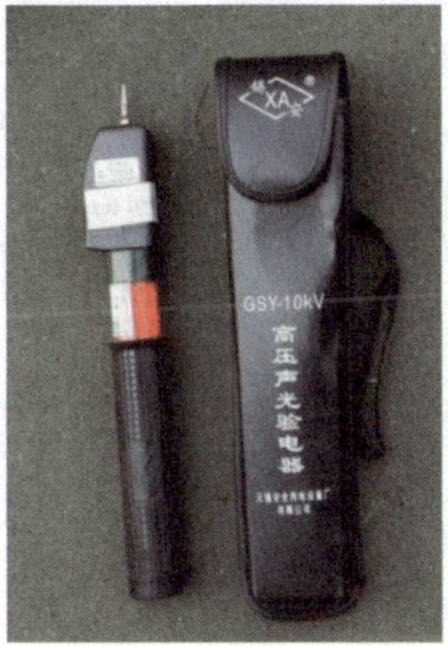

验电笔

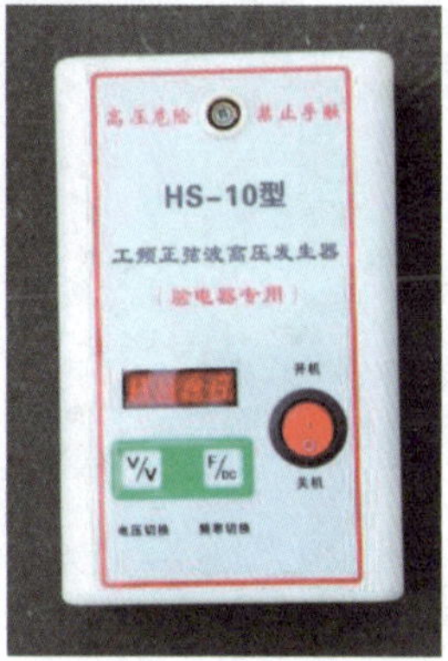

工频高压发生器

充气筒

5. 材料

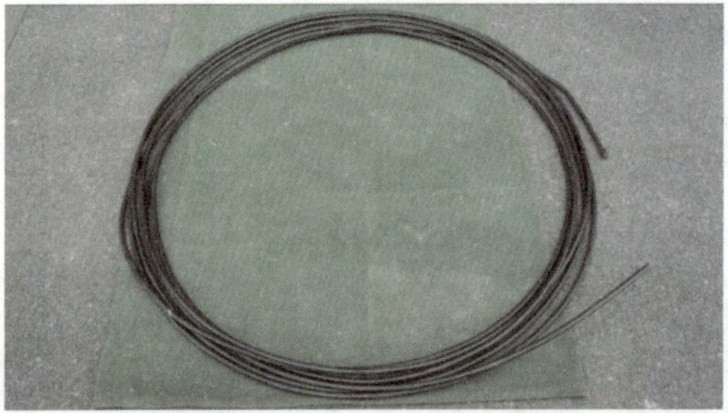

导线

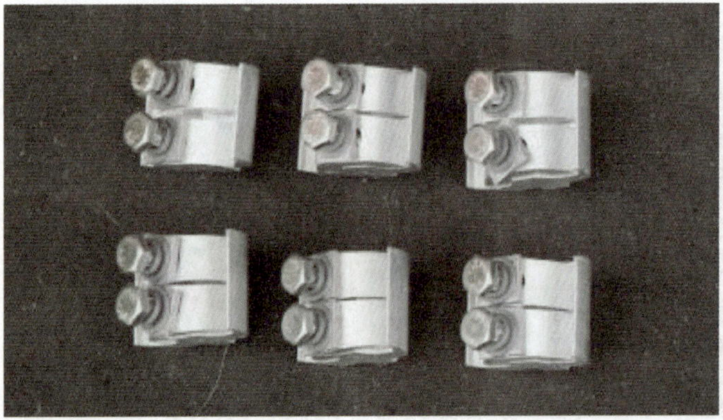

线夹

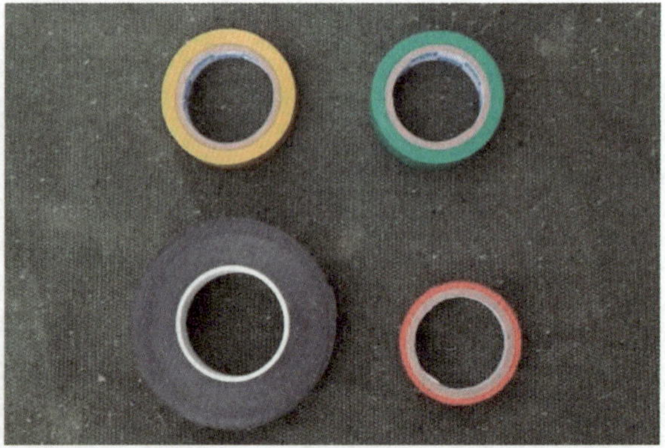

绝缘胶带

绝缘子、耐张线夹、连接金具

三 现场作业流程

（一）现场复勘

（1）核对工作线路双重名称、杆号无误。

核对工作线路双重名称、杆号无误

（2）检查作业点周围环境应符合作业要求。

车辆停放位置地面

作业点交通状况

（3）检查线路装置应具备带电作业条件。

电杆及埋深、基础等是否符合要求

主导线有无烧损情况

作业点相邻两基电杆及杆上导线固定情况

作业点直线杆横担及杆头顶帽型式

杆头带电部位及地电位构件

（4）检查气象应符合带电作业要求。

测量仪器放置在地面静态测量

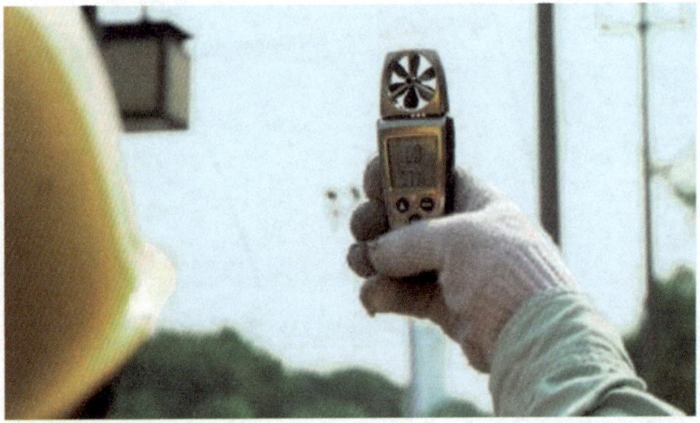

测量温湿度

风力测量

（5）检查工作票和现场作业指导书所列安全措施，必要时补充安全技术措施。

现场检查工作票、现场作业指导书安全措施

（二）执行工作许可制度

本作业项目的工作负责人应向值班调控人员履行许可手续。需停用线路重合闸，应向值班调控人员申请停用线路重合闸。

（三）布置作业现场

（1）装设围栏和标示牌。城区、人口密集区或交通道口和通行道路上施工时，工作场所周围应装设遮栏（围栏）。在相应部位装设“在此工作”“从此进出”标示牌，必要时派人看管。

（2）现场围栏的设置范围应考虑道路的正常通行；绝缘斗臂车及吊车的停放和专用接地线的设置；工作中绝缘臂的旋转范围和绝缘斗挑出的范围；防潮毯（垫）和工器具现场摆放等。

（3）在通行道路上作业时，应设置交通警告标志：对有道路隔离带的，在道路前方 30 ~ 50m 处；对无道路隔离带的，在道路前后方 30 ~ 50m 处；必要时联系交通部门。

无机非隔离

有机非隔离

（4）绝缘斗臂车的现场停放要求：

1）应选择适当的工作位置，支撑应稳固可靠。

2）应避免停放在沟道盖板上。

3）软土地面应使用垫块或枕木，垫放时垫板重叠不超过 2 块，呈 45°。

4）停放位置如为坡地，停放位置坡度应不大于 7°，绝缘斗臂车车头应朝下坡方向停放。

垫板重叠放置错误

车轮垫块

垫放时垫板重叠不超过 2 块，呈 45°

（5）绝缘斗臂车的车体应使用不小于 16mm 的软铜线良好接地。临时接地体埋深应不少于 0.6m。

接地埋深不足

安装车辆接地

（6）工器具的摆放。作业现场应将使用的带电作业工具分类整理摆放在防潮的帆布或绝缘垫上，以防脏污和受潮。

工器具混放

工器具分类摆放

（四）现场站班会

现场站班会内容：

（1）检查工作班成员身体情况和精神状态是否良好。
（2）检查工作班成员的着装等穿戴是否符合要求。
（3）向工作班成员交待工作内容、人员分工、现场安全措施和技术措施。
（4）并告知作业中的危险点；工作班成员履行签名确认手续。

检查穿戴

人员分工

交底

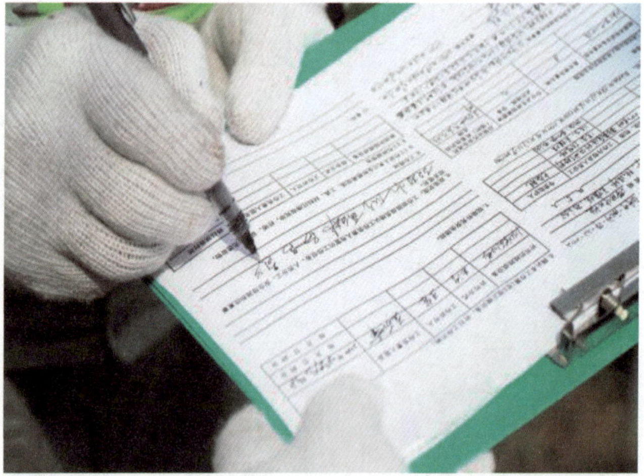

签名

（五）检查工器具和装备

1. 对工器具进行擦拭和外观检查

（1）用清洁干燥的布对绝缘工器具进行擦拭。

（2）绝缘工器具表面不应磨损、变形损坏，操作应灵活。

（3）绝缘防护用具和遮蔽、隔离用具应无针孔、砂眼、裂纹。

（4）检查斗内专用安全带外观，并做冲击试验。

（5）绝缘手套在使用前要压入空气，检查有无针孔缺陷。

（6）高压验电器自检按钮检查正常，并用工频高压发生器检查是否良好。

检查工器具

检查绝缘手套

检查安全带

检查验电器

2. 检测绝缘工具的绝缘电阻

（1）应使用 5000V 的绝缘检测仪。

（2）检测电极要求：极宽 2cm，极间距 2cm；绝缘电阻值不得低于 700MΩ。

（3）需检测的绝缘工具有绝缘传递绳、绝缘绳套、绝缘保护绳、绝缘横担、引流线支架、绝缘引流线。

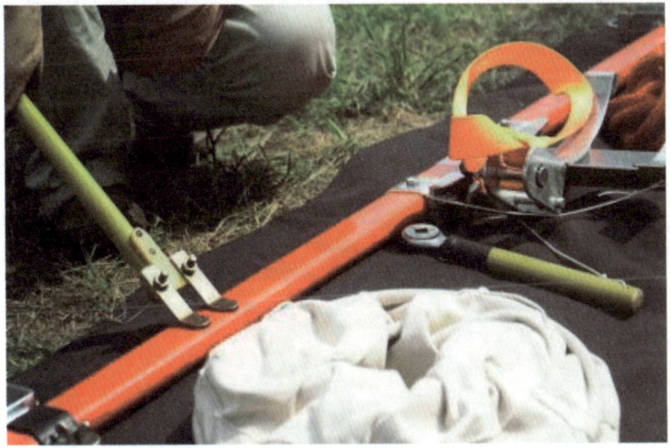

测量工具的绝缘电阻

绝缘电阻检测滑测

绝缘引流线悬空测

引流线的接通情况

3. 检查绝缘斗臂车

斗内电工检查绝缘斗臂车表面状况：

(1) 绝缘斗、绝缘臂应清洁、无裂纹损伤；操作人员应在斗臂车下方操作位置空斗试操作一次。

(2) 确认液压传动、回转、升降、伸缩系统工作正常、操作灵活，制动装置可靠。

车辆试操作

擦拭绝缘臂和绝缘斗

斗臂车擦拭和检查

4. 检查绝缘引流线

（1）绝缘引流线表面绝缘应无明显磨损或破损现象。

（2）清洁绝缘引流线接线夹接触面的氧化物。

（3）检查绝缘引流线的额定荷载电流并对照线路负荷电流（可根据现场勘察或运行资料获得），引流线的额定荷载电流应大于等于1.2倍的线路负荷电流。

（4）绝缘引流线接线夹应操作灵活。

（5）检查绝缘引流线各部件连接应可靠。

（6）检查完毕，向工作负责人汇报检查结果。

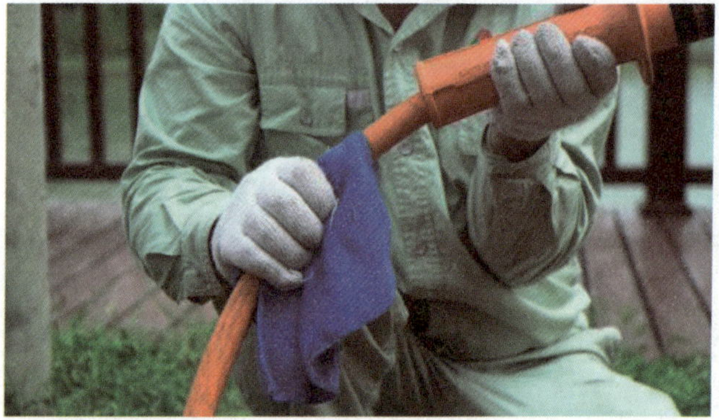

表面检查和擦拭

清洁氧化物

操作应灵活

汇报检查结果

5. 检查耐张绝缘子

（1）清洁瓷件，并做表面检查：瓷件表面应光滑、无麻点、裂痕等。

（2）用绝缘电阻检测仪进行绝缘电阻测定，绝缘电阻值不得小于 500MΩ。

检查并擦拭瓷件

绝缘电阻检查

6. 汇报检测结果

（1）工器具检测完毕后，应向工作负责人汇报检查结果。
（2）现场检测不合格的工器具不得在带电作业中使用。

工器具

向负责人汇报

（六）作业准备

1. 安装绝缘小吊

（1）地面电工和1号斗内电工配合安装小吊。

（2）小吊臂试操作回转、升降、伸缩的过程，确认液压、机械、电气系统正常可靠、制动装置可靠。

（3）吊绳试操作，确认下放、回收过程正常可靠。

安装小吊

小吊臂试操作

吊绳试操作

2. 将工器具搬移至绝缘斗内

绝缘毯应用毯夹加以固定。小件工器具宜放在专用的工具袋（箱）内。绝缘工器具不得放在绝缘斗底面上，以防止人员踩踏。

脚踩工具

绝缘毯固定

专用工具箱

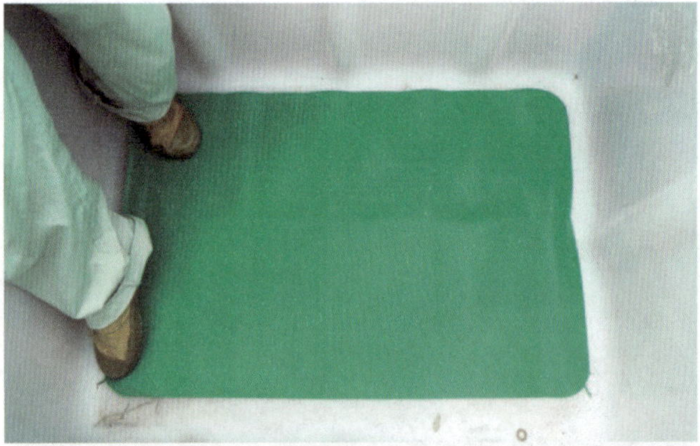

斗底铺设绝缘垫

3. 穿戴个人绝缘防护用具

作业人员应在地面穿戴妥当绝缘安全帽、绝缘披肩、绝缘手套及防刺穿手套等。

穿戴完毕后，由工作负责人进行检查。

在地面穿戴好个人绝缘防护用具

负责人检查

4. 安全带冲击试验

作业人员在戴好安全带后，应在电杆上做冲击试验。进入绝缘斗内，首先应系好安全带。

冲击试验

系好安全带

（七）作业步骤

1. 验电

1号车斗内电工在工作负责人的监护下，使用高压验电器进行验电，确认装置无漏电等绝缘不良现象。

未戴绝缘手套

应注意：

1）验电的顺序为主导线、横担、顶相抱箍、主导线等。

2）验电前，高压验电器应进行自检合格。

3）验电时，作业电工应与邻近的构件、导体保持足够的距离（不小于0.4m），高压验电器的绝缘柄的有效绝缘长度不小于0.7m。

4）如横担等接地构件有电，不应继续进行本项目。

自检

横担验电

2. 测量架空线路负荷电流

2号车斗内电工用钳形电流表检测架空线路负荷电流，确认满足绝缘引流线的负载能力。如不满足要求，应终止本项作业。

应注意：

1）使用钳形电流表时，应先选择最大量程，按照实际符合电流情况逐级向下一级量程切换并读取数据。

2）检测电流时，应选择内边相架空线路，并与相邻的异电位导体或构件保持足够的安全距离（相对地不小于0.4m，相间不小于0.6m）。

3）记录线路负荷电流数值，单位为A。

安全距离不够

测流

记录

3. 设置内边相绝缘遮蔽措施

（1）获得工作负责人的许可后，1 号、2 号车分别转移至电杆两侧的内边相合适工作位置，按照由近及远、从下到上、先大后小的顺序对作业中可能触及的部位进行绝缘遮蔽隔离。

（2）遮蔽的部位和顺序依次为主导线、支持绝缘子、横担。

应注意：

1）斗内电工在对带电体设置绝缘遮蔽隔离措施时，动作应轻缓，与横担等地电位构件间应有足够的安全距离（不小于 0.4m），与邻相导线之间应有足够的安全距离（不小于 0.6m）。

2）1 号、2 号绝缘斗臂车斗内电工应同相进行，且不应发生身体接触。

3）绝缘遮蔽隔离措施应严密、牢固，绝缘遮蔽组合的重叠距离不得小于 15cm。

同时遮蔽绝缘子和横担

遮蔽主导线

遮蔽支持绝缘子

遮蔽横担

4. 设置外边相绝缘遮蔽措施

获得工作负责人的许可后，1 号、2 号车分别转移至电杆两侧的外边相合适工作位置，按照与内边相相同的方法对作业中可能触及的部位进行绝缘遮蔽隔离。

重叠不足 15cm

遮蔽主导线

遮蔽支持绝缘子

遮蔽横担

5. 设置中间相绝缘遮蔽措施

获得工作负责人的许可后，1 号、2 号车分别转移至电杆两侧的中间相合适工作位置，按照由近及远、从下到上、先大后小的顺序对作业中可能触及的部位进行绝缘遮蔽隔离。遮蔽的部位和顺序依次为主导线、支持绝缘子、杆梢。

应注意：

1）斗内电工在对带电体设置绝缘遮蔽隔离措施时，动作应轻缓，与横担等地电位构件间应有足够的安全距离（不小于 0.4m），与邻相导线之间应有足够的安全距离（不小于 0.6m）；

2）1 号、2 号绝缘斗臂车斗内电工应同相进行，且不应发生身体接触；

3）绝缘遮蔽隔离措施应严密、牢固，绝缘遮蔽组合的重叠距离不得小于 15cm。

遮蔽支持绝缘子

小吊碰触中相导线

遮蔽杆梢

遮蔽主导线

6. 安装绝缘横担

斗内电工吊上绝缘横担，1 号、2 号车斗内电工配合安装绝缘横担，并对绝缘横担、电杆等部件进行绝缘遮蔽。

应注意：

1）绝缘横担应安装牢固、可靠；

2）绝缘横担的安装位置应在铁横担 0.4m 以上位置。

安装绝缘横担

对绝缘横担、电杆等部件进行绝缘遮蔽

7. 转移外边相导线至绝缘横担

在工作负责人的监护下，1 号车斗内电工放下小吊绳与外边相导线固定；2 号车斗内电工拆除绝缘子上的绑扎线，互相配合将导线转移到绝缘横担上。

扎线展放过长

拆扎线时应注意：

1）绝缘子底脚和横担的绝缘遮蔽措施应严密牢固；

2）应注意控制扎线的展放长度，一般不宜超过 10cm；

3）应及时恢复导线上的绝缘遮蔽措施。

遮蔽管开口朝下

小吊未受力

小吊绳固定

转移

遮蔽

拆扎线

8. 转移内边相导线至绝缘横担

在工作负责人的监护下，1 号车放下小吊绳与内边相导线固定；2 号车斗内电工拆除绝缘子上的绑扎线，互相配合将导线转移到绝缘横担上。

拆扎线时应注意：

1）绝缘子底脚和横担的绝缘遮蔽措施应严密牢固；

2）应注意控制扎线的展放长度，一般不宜超过 10cm；

3）应及时恢复导线上的绝缘遮蔽措施。

起吊高度不够

绝缘横担处导线未遮蔽

小吊绳固定

拆扎线

转移

遮蔽

9. 更换铁横担和两边相绝缘子

（1）1号、2号车斗内电工配合拆除直线横担及直线绝缘子。

（2）安装耐张横担和两边相耐张绝缘子。

（3）在横担的两侧安装绝缘引流线支架，并做好绝缘遮蔽措施。

应注意：

1）上下传递横担等物件应避免与电杆、绝缘斗发生碰撞；

2）横担、绝缘子等不应搁置在绝缘（内）；

3）应防止高空落物。

横担安装时长期压碰遮蔽物

横担安装时碰触导线

横担搁置在绝缘斗上

未戴绝缘手套

拆单横担

吊下单横担

吊上双横担

安装横担

10. 转移中间相导线，更换杆顶装置

在工作负责人的监护下：

（1）1 号车放下小吊绳与外边相导线固定。

（2）2 号车斗内电工拆除绝缘子上的绑扎线。

（3）用绝缘小吊将导线吊起。

（4）2 号车斗内电工更换杆顶装置。

（5）2 号斗内电工将中间相导线用绑扎线固定在支持绝缘子上。

（6）1 号、2 号车斗内电工安装中间相耐张绝缘子，并做好绝缘遮蔽措施。

斗压住边相导线

更换抱箍

应注意：

1）控制扎线的展放长度，一般不宜超过 10cm；

2）上下传递物件应避免与电杆、绝缘斗发生碰撞；

3）抱箍、绝缘子等不应搁置在绝缘斗上（内）；

4）应防止高空落物。

安装吊钩

吊起导线

拆扎线

安装绝缘子

遮蔽

遮蔽抱箍

导线下放固定

11. 收紧中间相导线

（1）收紧导线。

（2）安装绝缘后备保护绳，并收紧。

应注意：

1）紧线时，应保证紧线器绝缘扁带有 0.4m 及以上的绝缘有效长度；

2）紧线时，1 号、2 号绝缘斗臂车斗内电工应同时操作，使横担受力均衡；

3）工作负责人应紧密监视电杆、横担的受力情况，同时监视作业点两侧电杆受力情况；

4）后备保护的卡线器应装在与绝缘紧线器连接的卡线器的外侧。

未安装后备保护

安装紧线器

同步收紧

安装后备保护

12. 安装中间相绝缘引流线

（1）在中间相架空绝缘导线分断点两侧剥除绝缘层。

（2）挂接绝缘引流线。

（3）使用钳形电流表确认分流成功。

应注意：

1）挂接点应选取在紧线用卡线器的外侧，并留出一定的空间；

2）挂接绝缘引流线前，应先清除架空导线挂接绝缘引流线部位的金属氧化物或脏污；

3）挂接绝缘引流线的两个线夹时，1号、2号绝缘斗臂车斗内电工应同相同步进行；

4）绝缘引流线线夹应安装牢固，线夹应尽量垂直向下，避免因扭力使线夹回松；

5）绝缘引流线应固定在绝缘横担上；

6）绝缘引流线挂接位置应合适，避免开断导线时挂接点滑动；

7）绝缘引流线分流约占总电流的1/4～3/4。

不同步

无防坠措施

剥皮

清除氧化层

有防坠措施

安装引流线

测流

恢复遮蔽

13. 中间相导线开分断

1号、2号车斗内电工在工作负责人的监护下：

（1）用断线钳开断导线。

应注意：

1号、2号车斗内电工分别控制中间相导线开断点两侧的导线，防止开断后，断头晃动。

（2）1号、2号车斗内电工在工作负责人的监护下，分别将断开的导线固定在中间相对应的耐张线夹内。

应注意：

1）耐张线夹应有足够的紧固力，其握着力与导线的保证计算拉断比不小于90%，完善绝缘子串和耐张线夹的绝缘遮蔽措施；

2）绝缘遮蔽措施应严密牢固，绝缘遮蔽组合的重叠距离不得小于15cm。

（3）1号、2号车斗内电工撤除中间相绝缘后备保护绳和绝缘紧线器。

应注意：

1）松开紧线器时，1号、2号车斗内电工应同时操作，以保证横担受力均衡；

2）恢复导线上的绝缘遮蔽隔离措施。绝缘遮蔽组合的重叠距离不得小于15cm。

不戴护目镜、地电位遮蔽不严

1. 打开遮蔽措施

2. 开断导线

3. 固定导线

4. 拆除后备保护和紧线器

14. 安装中间相跨接线

（1）1 号、2 号车斗内电工安装跨接线。

（2）使用钳形电流表确认分流成功。

应注意：

1）防止人体串入电路。

2）注意动作幅度。

3）跨接线分流占总电流的 1/4～3/4。

4）绝缘遮蔽措施应严密牢固，绝缘遮蔽组合的重叠距离不得小于 15cm。

人体串入电路

1. 清除氧化层

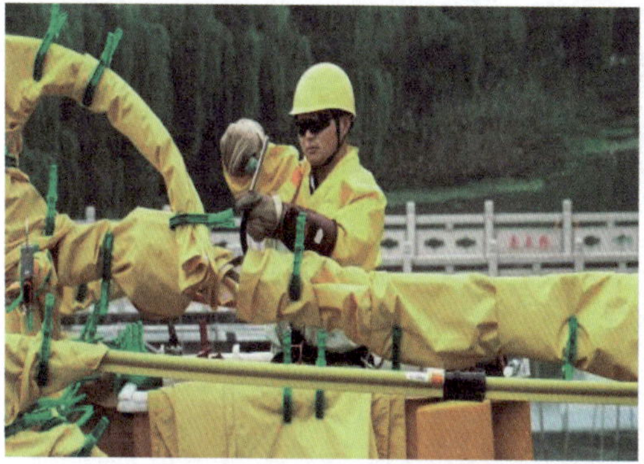

2. 线夹涂抹导电膏

3. 扎线固定

4. 先接一端

5. 绝缘遮蔽

6. 再接另一端

7. 测流

8. 绝缘遮蔽

15. 撤除中间相绝缘引流线

1号、2号车斗内电工在工作负责人的监护下，拆除中间相绝缘引流线。

应注意：

1）1号、2号绝缘斗臂车斗内电工应按“同相同步”的要求拆除绝缘引流线。

2）拆除引流线后，使用3M绝缘胶带恢复导线剥皮处绝缘。

3）补充完善绝缘遮蔽隔离措施。

1. 打开

2. 同步拆除

3. 吊下引流线

4. 恢复绝缘

5. 恢复遮蔽

16. 外边相导线开分断改耐张

在工作负责人的监护下，1 号、2 号车斗内电工转移绝缘斗至外边相合适工作位置，按照相同的步骤和方法将外边相导线开分断改耐张，并安装跨接线和补充完善绝缘遮蔽隔离措施。

紧线不同步

（1）紧线。

1. 安装紧线器

2. 同步收紧

3. 安装后备保护

（2）安装引流线。

剥皮

清除氧化层

防坠措施

安装引流线

测流

恢复遮蔽

（3）安装耐张线夹。

1. 打开遮蔽

2. 开断导线

3. 安装导线

4. 拆除后备保护和紧线器

（4）安装引流线。

1. 清除氧化层

2. 扎线固定

3. 先接一端

4. 安装护套

（5）拆除引流线。

1. 打开

2. 同步拆

3. 吊下引流线

17. 内边相导线开分断改耐张

在工作负责人的监护下，1 号、2 号车斗内电工转移绝缘斗至内边相合适工作位置，按照相同的步骤和方法将内边相导线开分断改耐张。并安装跨接线和补充完善绝缘遮蔽隔离措施。

（1）紧线。

1. 安装紧线器

2. 安装后备保护

（2）安装引流线。

1. 剥皮

2. 清除氧化层

3. 防坠措施

4. 安装引流线

5. 测流

（3）安装引流线。

1. 打开绝缘遮蔽

2. 开断导线

3. 安装导线

4. 拆除后备保护和紧线器

（4）安装跨接线。

1. 清除氧化层

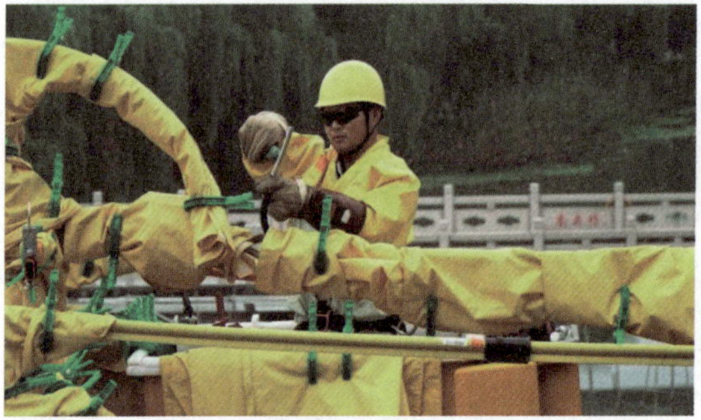

2. 线夹涂导电膏

3. 扎线固定

4. 先接一端

5. 安装护套

6. 再接另一端

7. 测流

8. 绝缘遮蔽

18. 拆除绝缘横担、横担及电杆的遮蔽措施

1号车斗内电工转移绝缘斗至合适工作位置，在工作负责人的监护下：

（1）拆除绝缘横担。

（2）拆除绝缘引流线支架。

（3）拆除横担和电杆的绝缘遮蔽措施。

应注意：

拆除绝缘横担时动作应轻缓，与带电部位应有足够的安全距离（不小于0.4m），与邻相导线之间应有足够安全距离（不小于0.6m）。

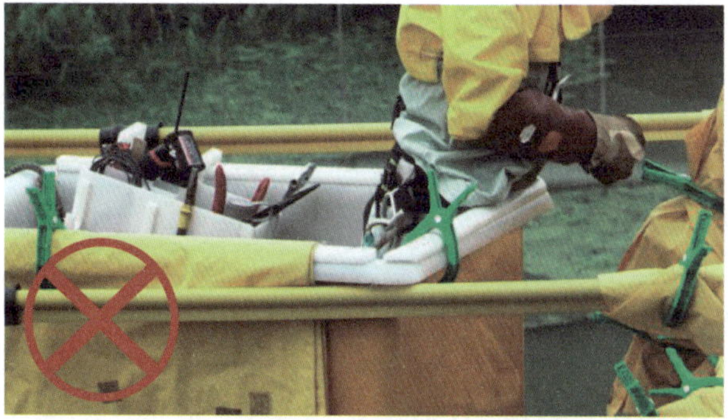

工作斗压碰导线

1. 拆除电杆遮蔽

2. 拆除横担遮蔽

3. 拆除支架

19. 拆除中间相绝缘遮蔽措施

获得工作负责人的许可后，1 号、2 号车斗内电工分别转移至电杆两侧的中间相合适工作位置，按照先小后大、从上到下、由远及近的顺序拆除绝缘遮蔽措施。

> 应注意：
>
> 1）动作应轻缓，与已撤除绝缘遮蔽措施的异电位物体之间保持足够的距离（相对地不小于 0.4m，相间不小于 0.6m）。
>
> 2）1 号、2 号绝缘斗臂车斗内电工应同相进行，且不应发生身体接触。

在边相拆碰边相导线

拆除绝缘遮蔽措施

20. 拆除外边相绝缘遮蔽措施

获得工作负责人的许可后，1 号、2 号车斗内电工分别转移至电杆两侧的外边相合适工作位置，按照相同的方法和要求拆除外边相绝缘遮蔽隔离措施。

顺序错：先主线后地电位部位

拆除绝缘遮蔽措施

21. 拆除内边相绝缘遮蔽措施

获得工作负责人的许可后，1 号、2 号车斗内电工分别转移至电杆两侧的内边相合适工作位置，按照相同的方法和要求拆除内边相绝缘遮蔽隔离措施。

拆除绝缘遮蔽措施

1. 位置不当

2. 安全距离不够

3. 1m 线未伸出

22. 工作验收和人员撤离

完工后，作业人员应检查工作地段的状况：

（1）确认无遗留物。

（2）经工作负责人许可后离开作业区域。

（3）斗内作业人员落地后，方能摘除绝缘防护用具。

摘除绝缘手套

1. 确认无遗留物

2. 许可后离开作业区域

（八）现场收工会

工作负责人组织召开现场收工会。对本次工作的施工质量、安全措施落实情况、规程执行情况进行总结和点评工作。

现场收工会

（九）办理工作终结手续

作业结束后，工作负责人应及时向值班调控人员汇报，并终结工作票。

停用线路重合闸的作业，应向值班调控人员申请恢复线路重合闸。

办理工作终结手续

（十）清理场地

工作班成员整理工具、材料，将工器具清洁后放入专用的箱（袋）中。清理现场，做到工完料尽场地清。

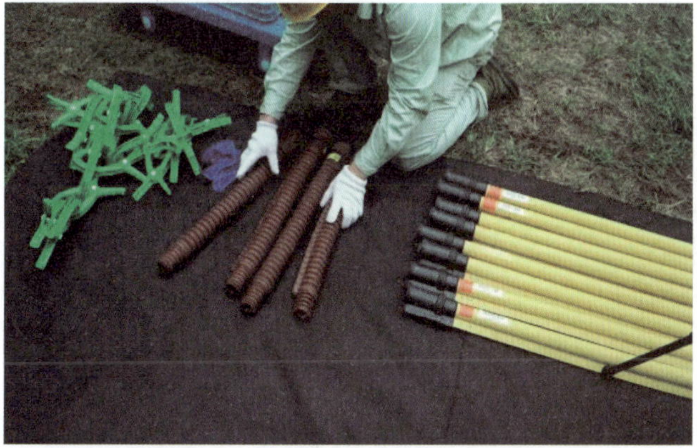

1. 整理工器具

2. 清理场地

安全防护篇

一 防高空坠落

（1）使用的绝缘斗臂车应有防倾覆的安全装置，并定期检验合格。

检查绝缘斗臂车定期检验标识

检查液压油位及油管接头

车辆停在沟边保持 1.2 倍距离

（2）进入绝缘斗应系好安全带，防止作业时人体重心偏移引起高空坠落。

未系好安全带

（3）斗内应铺设防滑绝缘垫。

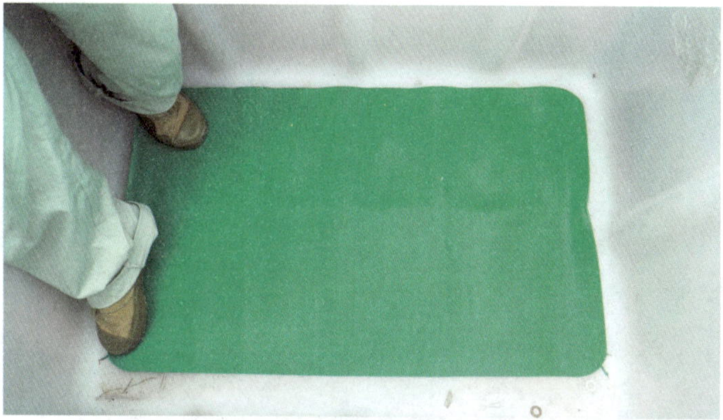

斗内铺设防滑绝缘垫

（4）作业人员和工器具的总重量不得超过绝缘斗的额定载荷。

作业人员和工器具在绝缘斗内

二 防物体打击

（1）检查电杆及埋深、基础、拉线等符合要求，防止倒杆。

检查电杆埋深

检查电杆基础

（2）作业人员应将斗内工器具加以固定，防止高空落物。

固定斗内工器具

（3）在安装、拆除、起吊绝缘子串、横担铁件作业时，注意防止因绑扎不当引起高空落物。

绝缘子串打绳结

横担背扣

（4）作业时，地面人员禁止站在绝缘斗臂车的工作臂、绝缘斗的下方，防止落物伤人。

人员长时间逗留在绝缘臂下方

人员长时间逗留在绝缘臂下方

人员长时间逗留在绝缘斗下方

（5）作业时，地面人员禁止站在作业落物区的范围内，防止落物伤人。

人员站立在落物区下方

绝缘臂下方禁止站人

（6）上下传递工具、材料应使用绝缘绳索，严禁抛掷、物体打击及工器具、材料损坏。

上下传递工具用绝缘绳

（7）绝缘遮蔽用具使用时应固定牢固，防止遮蔽用具脱落。

绝缘毯遮蔽到位后用毯夹固定

（8）开断导线前应检查确认后备保护绳及卡线器安装到位，防止跑线；拆除紧线器前应确认耐张绝缘子串及耐张线夹受力正常，防止跑线。

检查后备保护及卡线器

检查耐张绝缘子串及线夹受力

（9）转移导线前应确认小吊固定到位，防止导线松脱。

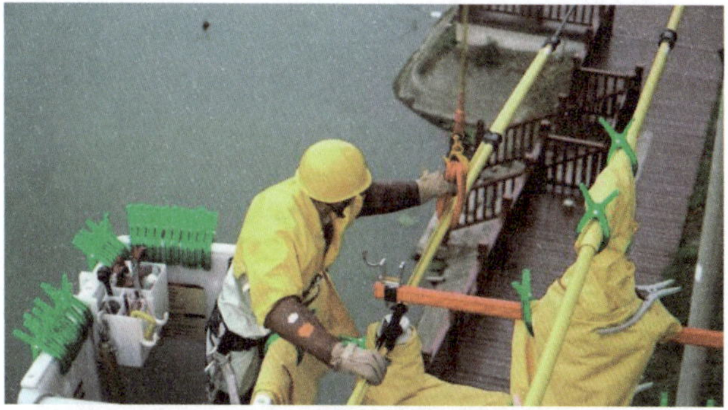

检查小吊固定

人力转移导线

工作斗提升导线

（10）绝缘斗臂车操作时，应注意观察周围情况；绝缘斗的起升、下降速度不应大于 0.5m/s ；斗臂车回转时，作业斗外缘的线速度不应大于 0.5m/s ；防止绝缘斗及人员与周围物体发生碰撞。

停空中观察

三 防电弧及触电伤害

（1）同步同相进行引流线搭接、拆除，防止相间短路及带负荷搭接。

同步同相进行引流线搭接、拆除

（2）测流并复核无误后方可开断导线。禁止在未测流或分流不正常的情况下开断导线。防止带负荷开断导线引发人身安全事故。

测流并复核无误后开断导线

（3）绝缘斗臂车应可靠接地，防止地面人员可能引起接触电压触电。

斗臂车接地埋深不足

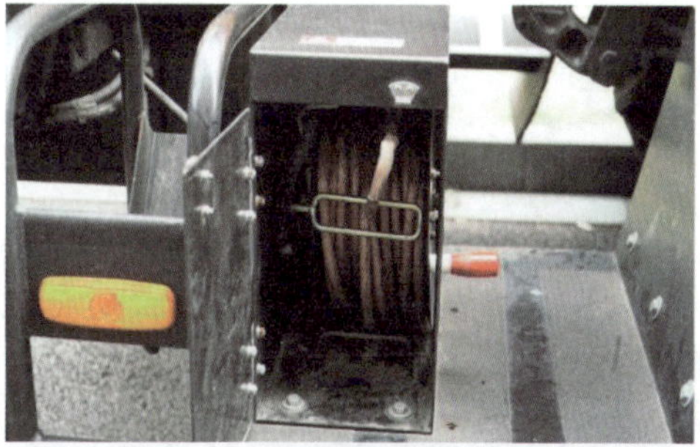

车辆接地线盘位置

打接地极动作

接地极安装到位红线

（4）作业前，应验明横担确认无漏电。防止单相接地引发作业安全事故。

验证横担确无误电

（5）斗内作业人员应按要求穿戴绝缘安全帽、绝缘靴、绝缘服、绝缘手套及外层防刺穿手套等。带电作业过程中，禁止摘下绝缘防护用具。防止作业人员误碰不同电位物体引发人身事故。

摘下手套

戴绝缘手套安装横担

（6）作业人员在带电体上作业时，绝缘臂的有效绝缘长度应不小于 1m。防止因泄漏电流过大引发人身事故。

1m 线未伸出

1m 线已伸出

（7）绝缘斗臂车的金属部分在仰起、回转运动中，与带电体间的安全距离不得小于 0.9m。

金属部位安全距离过近

（8）对带电导线进行绝缘遮蔽时，人体应与横担等地电位物体保持 0.4m 以上、与邻相保持 0.6m 以上的安全距离。

遮蔽不满足安全距离要求

遮蔽动作

（9）接引线时，严禁作业人员一手握导线、一手握引线，防止发生人体串接情况。

安装引线时错误操作

安装引线时正确操作

（10）绝缘遮蔽隔离措施应严密、牢固，绝缘遮蔽组合的重叠距离不得小于 15cm，防止因绝缘爬距不足导致人员触电事故。

重叠距离不足

正确的遮蔽重叠

（11）拆、装铁横担时应控制横担与导线的安全距离，不得擦碰导线遮蔽。防止单相接地事故发生。

横担安装时横担碰触导线遮蔽

（12）绝缘手套等个人防护用具应检查到位，防止人身事故发生。

错误的穿戴

正确的穿戴

（13）导线开断前做好防弹跳措施，防止导线开断后弹跳引起相间短路。

做好导线防弹跳措施

（14）拆除带电导线绝缘遮蔽时，人体应与横担等地电位物体保持 0.4m 以上、与邻相保持 0.6m 以上的安全距离。防止人体串入电路。

错误的站位动作

正确的站位动作

● 绝缘手套作业法带负荷直线杆改耐张杆 ●

施工质量篇

一 金属组装

（1）金具组装配合应良好，安装前应进行外观检查。

（2）线夹转动灵活，与导线接触面符合要求。

（3）金具表面光洁，无裂纹、毛刺、飞边、砂眼、气泡等缺陷，镀锌良好，无锌皮剥落、锈蚀现象。

金具外观检查

接触面

金具表面

二 横担安装

（1）横担安装应平正，横担端部上下歪斜不应大于 20mm，横担端部左右扭斜不应大于 20mm。

（2）螺栓的穿入方向：水平方向由内向外；垂直方向由下向上。

横担安装后

螺栓穿向

三 绝缘子安装

（1）绝缘子安装应牢固，连接可靠，防止积水，安装时应清除表面灰垢、附着物及不应有的涂料。

（2）与电杆、导线金具连接处，无卡压现象，耐张串上的弹簧销子、螺栓及穿钉应由上向下穿。当有特殊困难时可由内向外或由左向右穿入。

绝缘子安装 1

W 开口销

（3）采用的闭口销或开口销不应有折断、裂纹等现象。当采用开口销时应对称开口，开口角度应为 30°～60°。

（4）安装前应采用不低于 5000V 的绝缘电阻表逐个进行绝缘电阻测定。在干燥情况下，绝缘电阻值不得小于 500MΩ。

绝缘子安装 2

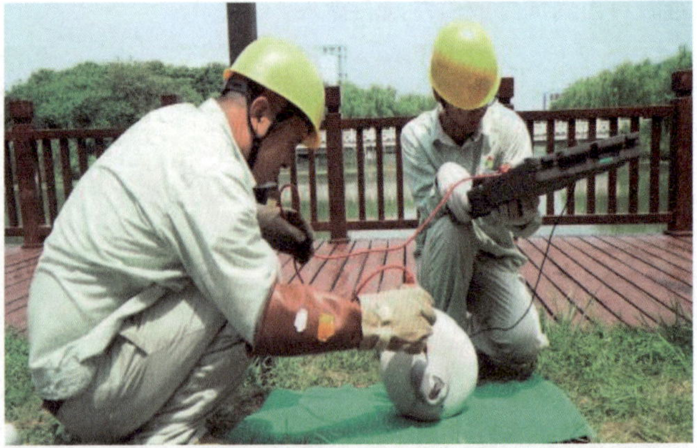

绝缘电阻检测

四 紧线及导线固定、绑扎及连接

（1）同档内各相导线弧垂宜一致，水平排列的导线弧垂相差不应大于 50mm。紧线过程中两侧受力应平衡，耐张串安装到位后线路弧垂与原线路弧垂基本保持一致。

两侧应同步收紧导线

导线连接

（2）采用并沟线夹连接引流线时，线夹数量不应少于 2 个。连接面应平整、光洁。导线及并沟线夹槽内应清除氧化膜，涂电力复合脂。

并沟线夹的使用

（3）绝缘子裙边与带电部位的间隙不应小于 50mm。

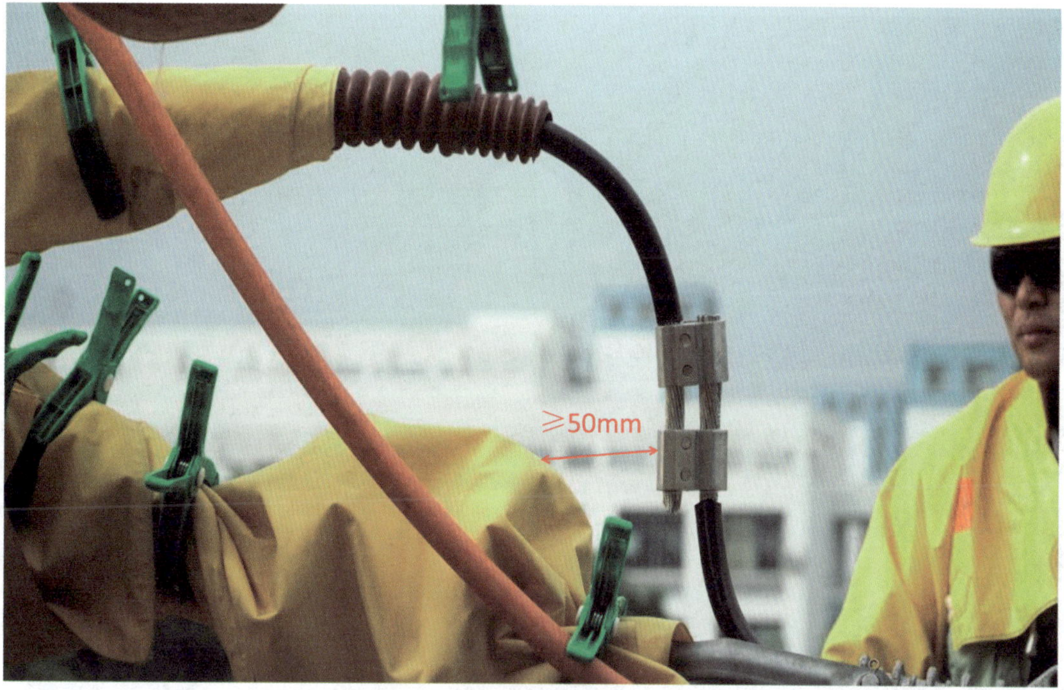

引线与绝缘子的安全距离

（4）绝缘导线的绝缘恢复应使用绝缘胶带严密包裹。

绝缘导线的绝缘恢复

（5）耐张引线安装到位后应平滑，无硬弯，应呈均匀弧度。

引线弧度

（6）引线与电杆或构架之间安装后的净空距离不应小于 0.2m。引线与柱式绝缘子的绑扎采用顶槽 8 字绑线法，绝缘线与绝缘子接触部分应用绝缘自粘带缠绕，缠绕长度应超出绑扎部位或绝缘子接触部位两侧 0.3m。

绝缘子的绑扎

五 绝缘引流线安装质量要点

（1）挂接绝缘引流线前，应先清除架空导线挂接绝缘引流线部位的金属氧化物或脏污，涂导电膏。

（2）绝缘引流线线夹应安装牢固，线夹应尽量垂直向下，避免因扭力使线夹回松。

未安装防坠绳

清除氧化层

涂抹导电膏

引流线夹正确安装

配网不停电作业

一线员工作业一本通

绝缘杆作业法带电更换熔断器

国网浙江省电力有限公司　组编

中国电力出版社
CHINA ELECTRIC POWER PRESS

内容提要

本书主要介绍10kV配网不停电作业项目中的绝缘杆作业法带电更换熔断器、绝缘手套作业法带负荷更换柱上开关、绝缘手套作业法带负荷直线杆改耐张杆三个作业方法，围绕现场作业篇、安全防护篇、施工质量篇三个方面，通过大量图片，对各作业项目的全流程进行了讲解和演示，对生产实践具有很强的指导性。本分册为绝缘杆作业法带电更换熔断器分册。

本书可供配网不停电作业基层管理者和一线员工培训和自学使用。

图书在版编目（CIP）数据

绝缘杆作业法带电更换熔断器 .1 / 国网浙江省电力有限公司组编 . —北京：中国电力出版社，2021.11
（配网不停电作业一线员工作业一本通；1）
ISBN 978-7-5198-5967-1

Ⅰ.①绝…　Ⅱ.①国…　Ⅲ.①熔断器—设备更换—带电作业　Ⅳ.① TM563

中国版本图书馆CIP数据核字（2021）第185771号

出版发行：中国电力出版社
地　　址：北京市东城区北京站西街19号
邮政编码：100005
网　　址：http://www.cepp.sgcc.com.cn
责任编辑：穆智勇
责任校对：黄　蓓　郝军燕
装帧设计：赵丽媛
责任印制：石　雷

印　　刷：河北鑫彩博图印刷有限公司
版　　次：2021年11月第一版
印　　次：2021年11月北京第一次印刷
开　　本：880毫米 ×1230毫米　横32开本
印　　张：14.25
字　　数：395千字
印　　数：0001—1000册
定　　价：72.00元（全三册）

编　委　会

主　编　徐定凯

副主编　钱　江

委　员　高旭启　平　原　李　晋　杨晓翔　周　兴　章锦松

编　写　组

组　长　高旭启

副组长　章锦松　李　晋

成　员　周　兴　赵鲁冰　钱　栋　钟全辉　包益能　周利生　周明杰　周连水
胡　伟　施震华　林通龙　金乾峰　支文超　陆佳炜

前　言

为了不断提升 10kV 配网的供电可靠性，减少停电检修给用户带来影响，10kV 配网不停电作业已逐渐成为配网的主要检修方式。目前，10kV 配网不停电作业包括绝缘手套作业法和绝缘杆作业法两种主要作业方法，其具有较高的作业安全性和便利性。其中，绝缘杆作业法带电更换熔断器、绝缘手套作业法带负荷更换柱上开关、绝缘手套作业法带负荷直线杆改耐张杆是 10kV 配网不停电作业中难度系数较大的项目，也是复杂项目中应用较多的项目。

为进一步提高 10kV 配网不停电作业一线员工的技能水平和作业安全性，国网浙江省电力有限公司培训中心组织编写了讲解这三种作业法的《配网不停电作业一线员工作业一本通》，作为一线员工的培训教材。

在编写过程中，编写组按照作业项目的基本流程，在保证各环节符合规范要求的基础上，形成本书的文字内容。并根据文本内容，请一线专家实际演示，自编、自导、

自演拍摄了大量的图片，对作业项目中杆上作业的主要危险点和施工质量进行预控说明和规范展示，对作业项目的具体操作起到规范作用。

本书分为《绝缘杆作业法带电更换熔断器》《绝缘手套作业法带负荷更换柱上开关》《绝缘手套作业法带负荷直线杆改耐张杆》三个分册，着重围绕现场作业篇、安全防护篇、施工质量篇等内容，对作业项目的基本流程、现场规范作业、现场安全行为、工艺质量等进行了讲解，具备很强的实用性。

本书的编写得到了杨晓翔、周兴、钱栋、钟全辉、包益能等劳模专家的大力支持，在此谨向参与本书编写、研讨、审稿、业务指导的各位领导、专家和有关单位致以诚挚的感谢！

由于编者水平所限，疏漏之处在所难免，恳请各位领导、专家和读者提出宝贵意见！

本书编写组

2021 年 10 月

目录 / Contents

绝缘杆作业法带电更换熔断器

作业线路装置概况

- 作业项目：带电更换熔断器
- 主线路装置：单回路三角排列；架空绝缘导线
- 支接线路装置：单回路水平排列；与主线路为垂直排列；横担规格70mm × 70mm × 1900mm

现场作业篇

一 现场勘察

（一）现场勘察组织

（1）接到带电作业需求单后，作业实施部门应组织现场勘察。

（2）现场勘察由工作负责人、设备运维管理单位（用户单位）和检修单位相关人员参加。

（3）填写现场勘察记录。

作业点线路装置

填写现场勘察记录单

（二）现场勘察

（1）电杆及埋深、基础、拉线等是否符合要求。
（2）线路装置是否满足要求。
（3）带电作业需要满足的安全措施。

相关单位人员进行现场勘察

检查待更换熔断器的状况

拉线是否牢固

高、低压同杆架设对作业的影响

作业距离是否满足要求

树木对作业的影响

（三）移交勘察记录单

（1）勘察结束各方人员签字。
（2）现场勘察单送交工作票签发人。
（3）填写工作票。

核对线路双重名称和杆号

各方签字，移交现场勘察记录

二 工器具准备

准备工器具和材料：

- 工作班成员准备作业所需的工器具和材料。
- 出库的工器具应确认试验合格且在有效期内，并办理出库手续。
- 已出库的绝缘工器具应装袋或装箱，防止受潮和损坏。

（1）本作业项目所需的绝缘工具有射枪操作杆、绝缘断线钳（遥控）、绝缘锁杆、绝缘线夹传送杆、绝缘套筒操作杆（遥控）、绝缘杆挂架、绝缘绳、高压验电器。

绝缘断线钳（遥控）

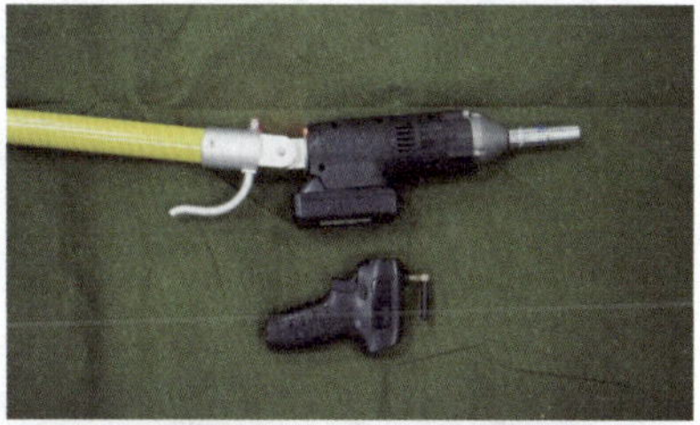

绝缘套筒操作杆（遥控）

射枪操作杆

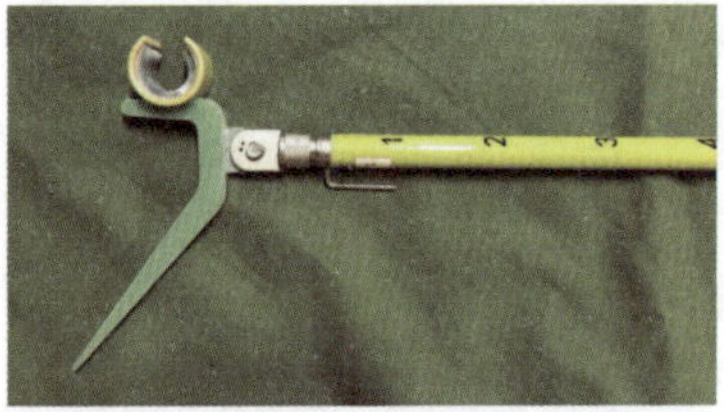

清洁刷及叉杆

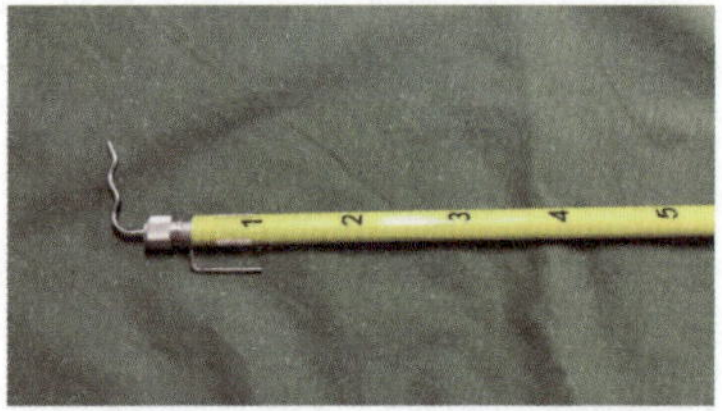

测距及勾杆

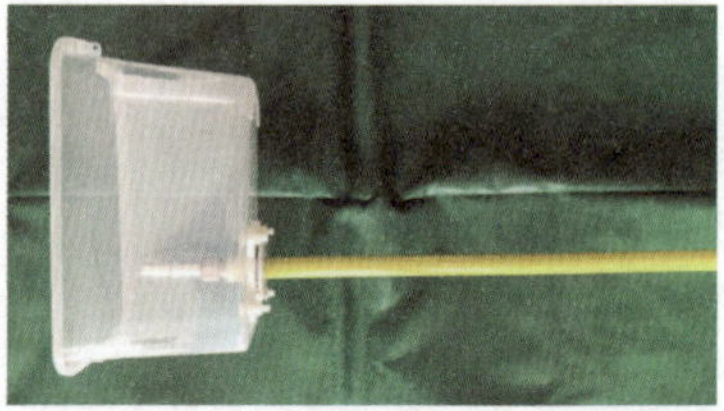

防落物罩杆

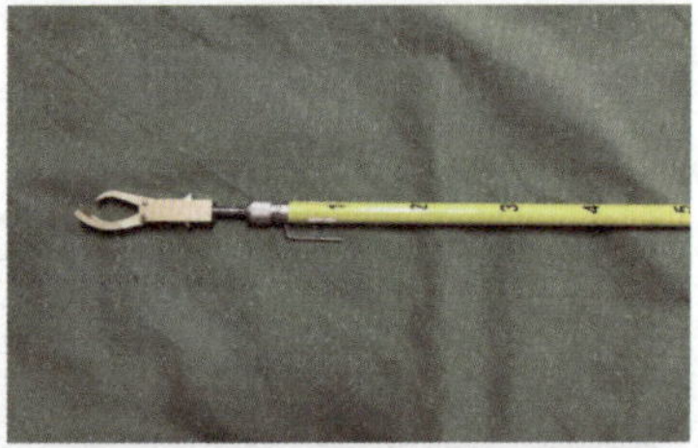

绝缘锁杆

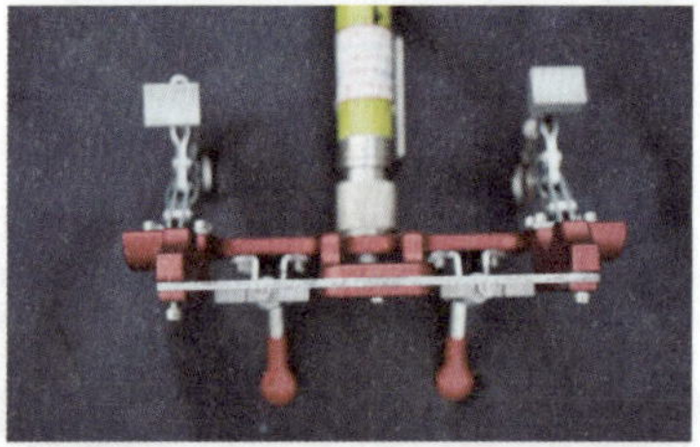

线夹传送杆

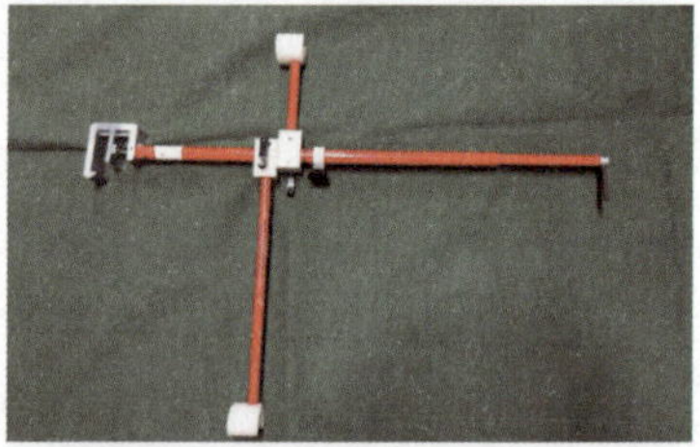

操作杆挂架

绝缘绳

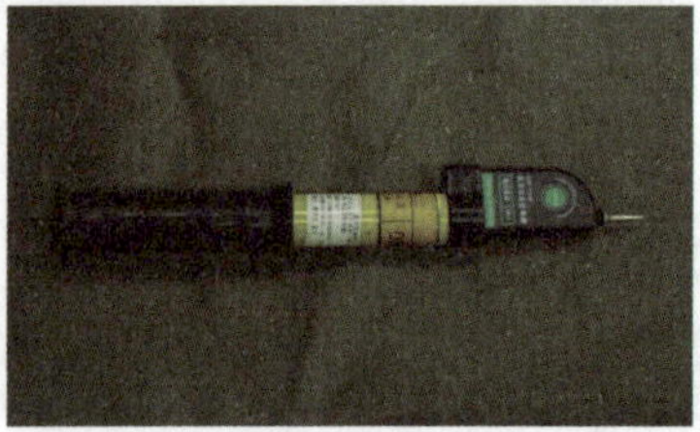

10kV 验电器

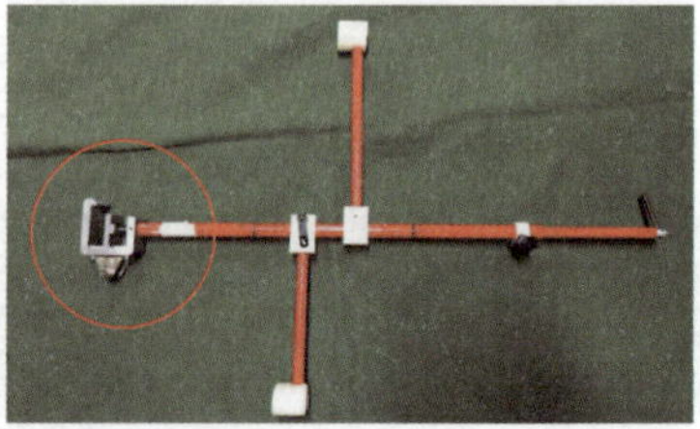

绝缘滑车挂架

（2）本作业项目所需的个人绝缘防护用具有绝缘安全帽、绝缘披肩、绝缘手套、防刺穿手套。

绝缘安全帽

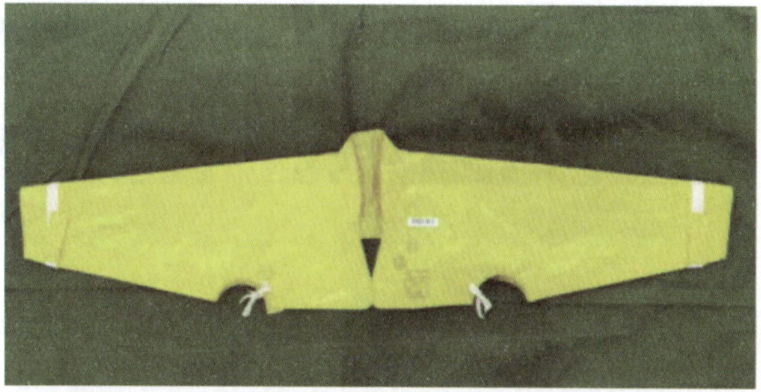

绝缘披肩

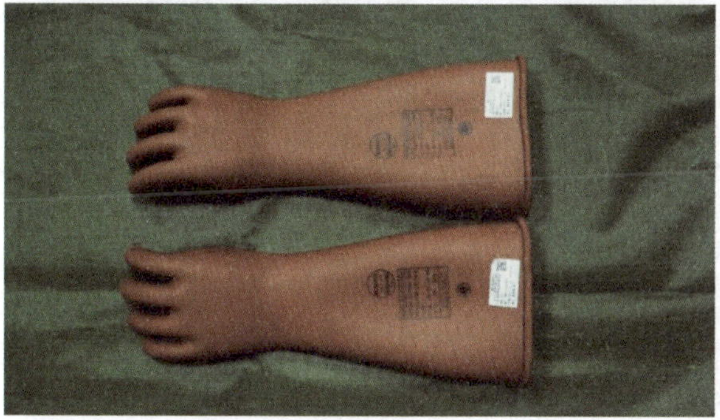

绝缘手套

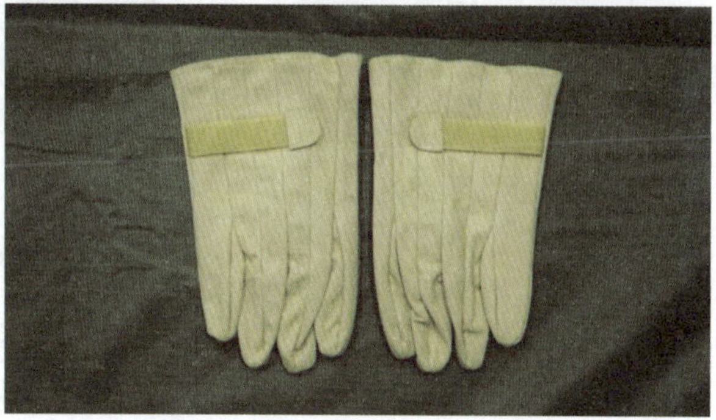

防刺穿手套

（3）本作业项目常用的绝缘遮蔽用具有绝缘子遮蔽罩、导线遮蔽罩。

绝缘子遮蔽罩

导线遮蔽罩

（4）本作业项目所需的仪器仪表有风速及温湿度一体计、绝缘电阻检测仪、工频高压发生器。

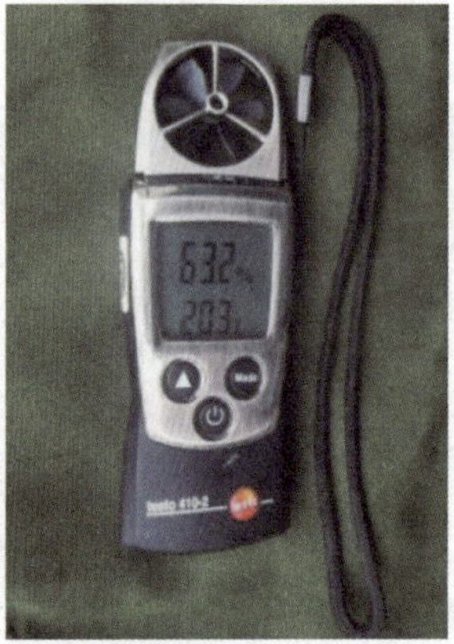

风速及温湿度一体机

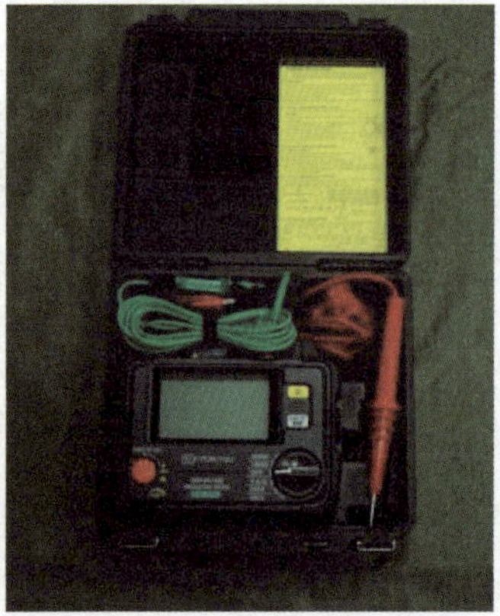

绝缘电阻检测仪

工频高压发生器

（5）本作业项目所需的其他工器具有防潮垫、个人常用工具、绝缘杆放置架、断线钳、剥皮器、液压钳、电动扳手、钢卷尺、护目镜、工具袋（箱）、清洁布、安全围栏、标示牌。

护目镜

工具袋

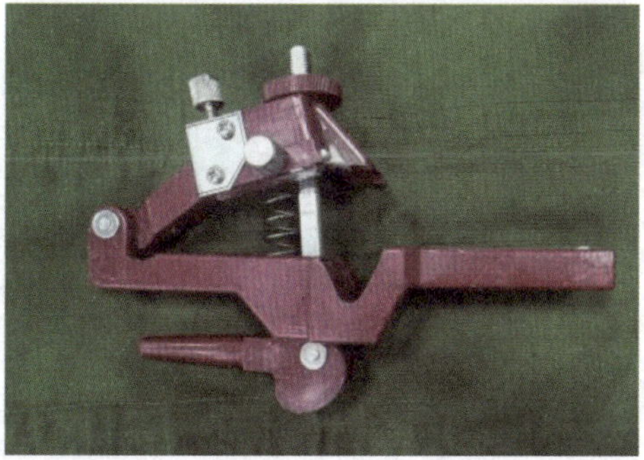

剥线钳

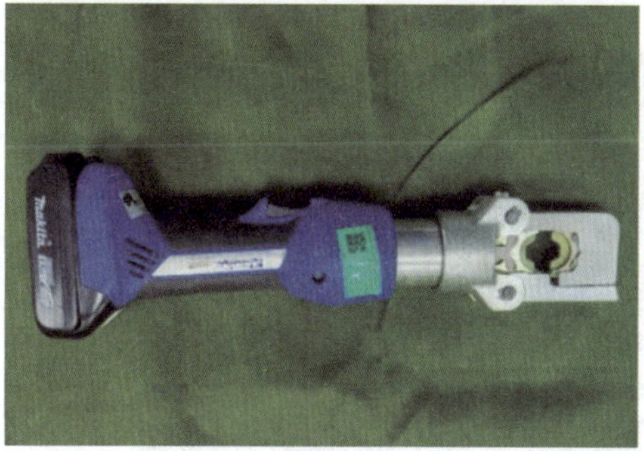

电动液压钳

（6）本作业项目所需的材料有绝缘导线、异型并沟线夹、铜铝过渡接线端子、防水及普通绝缘胶带。

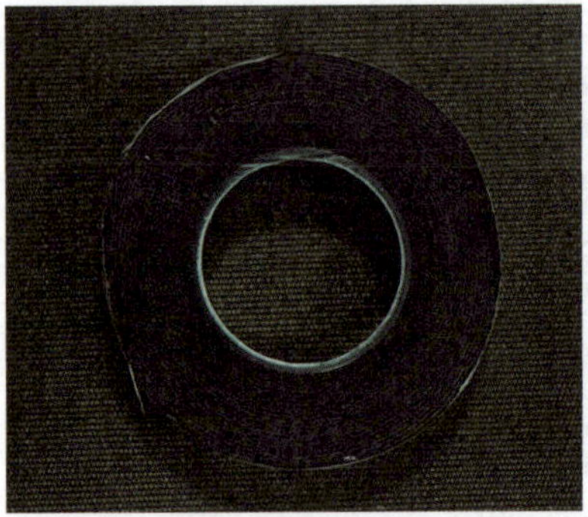

防水胶带

异型并沟线夹

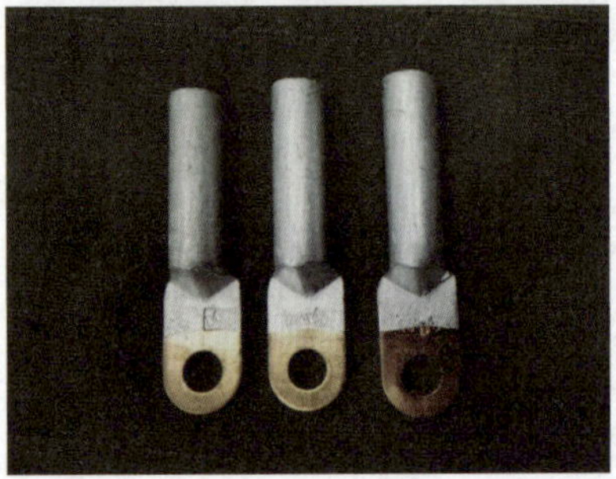

铜铝过渡接线端子

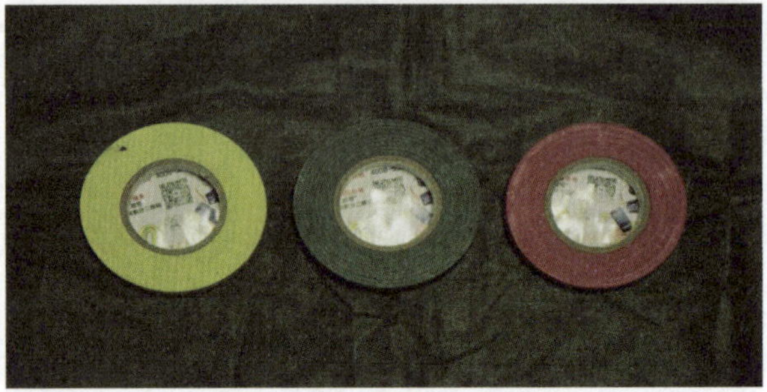

普通绝缘胶带

三 现场作业流程

（一）现场复勘

（1）核对工作线路双重名称、杆号无误。

核对线路双重名称和杆号

（2）检查作业点周围环境应符合作业要求。

检查作业点周围环境

（3）检查线路装置应具备带电作业条件。

● 电杆及其埋深、基础、拉线等应符合要求

检查电杆埋深

检查电杆基础

检查电杆倾斜情况

检查杆上装置情况

检查杆身情况

● 支接线路防倒送电的安全措施已做好

核对装置安全措施

● 支线熔断器已拉开、熔管已取下

确认支线熔断器已拉开、熔管已取下

● 核对主线路和支接线路的色相标记

核对线路色相标记

（4）检查气象条件应符合带电作业要求。

1）现场作业前，须进行风速和湿度的测量。
2）风力不小于5级，或湿度不小于80%时，不宜带电作业。
3）若遇雷电、雪、雹、雨、雾等不良天气，禁止带电作业。

现场测量温、湿度

现场测量风速

（5）检查工作票和现场作业指导书所列安全措施，必要时补充安全技术措施。

工作票

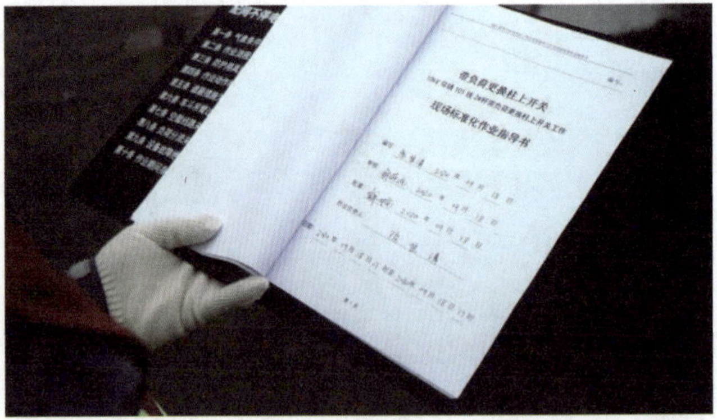

作业指导书

（二）工作许可

本作业项目无须停用重合闸，工作负责人应向值班调控人员履行许可手续。

电话许可

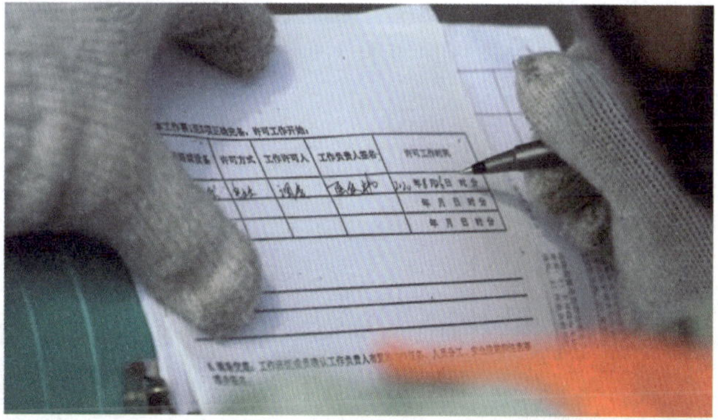

记录许可时间

（三）布置作业现场

（1）设置围栏和标识牌。

1）城区、人口密集区或交通道口和通行道路上施工时，工作场所周围应装设遮栏（围栏）。

2）在相应部位装设“在此工作！”标示牌，在围栏出入口装设“从此出入！”标示牌。

3）必要时，派人看管。

装设安全围栏

悬挂标示牌

（2）现场围栏的设置范围应考虑：

1）杆上作业时落物半径的范围。
2）防潮毯（垫）和工器具现场摆放等。

围栏装设要求

铺设防潮垫

（3）工器具的摆放：作业现场应将使用的带电作业工具分类整理摆放在防潮的帆布或绝缘垫上，以防脏污和受潮。

绝缘操作杆架空摆放

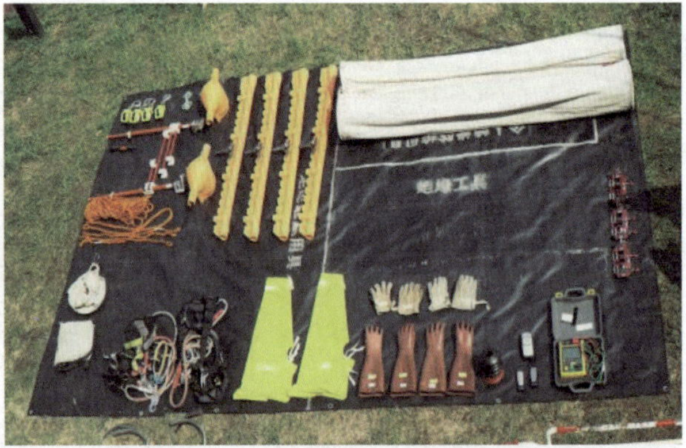

各类工器具分区摆放

（四）现场站班会

1）检查工作班成员身体情况和精神状态是否良好。

2）检查工作班成员的着装等穿戴是否符合要求。

3）向工作班成员交待工作内容、人员分工、现场安全措施和技术措施，并告知作业中的危险点。

4）工作班成员履行签名确认手续。

站班会

查着装

现场“三交”

签字确认

（五）检测工器具和设备

（1）对工器具进行擦拭和外观检查。

1）用清洁干燥的布对绝缘工器具进行擦拭。
2）检查绝缘工器具无变形损坏，操作灵活。
3）检查绝缘防护用具无针孔、砂眼、裂纹等。
4）检查手工工具操作灵活。

检查绝缘遮蔽罩

检查绝缘操作杆

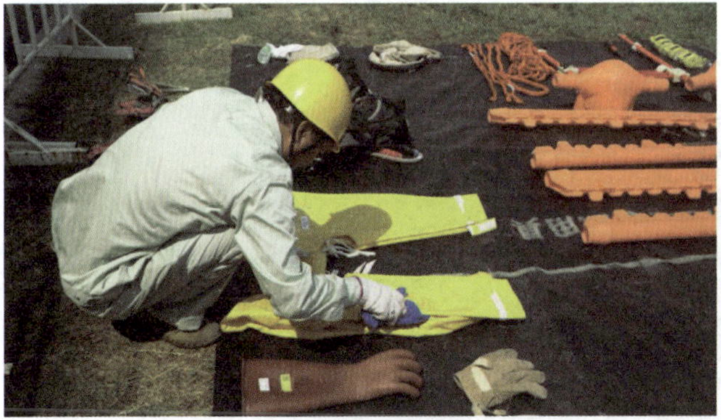

检查绝缘披肩

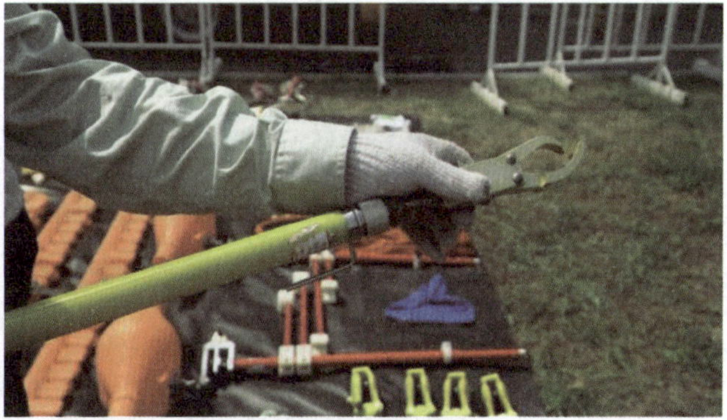

检查绝缘杆操作头

（2）检查绝缘手套和高压验电器：

1）绝缘手套在使用前要压入空气，检查有无针孔缺陷。

2）用高压验电器自检按钮检查正常。

3）用工频高压发生器确认高压验电器良好。

绝缘手套压入空气

检查是否漏气

用高压发生器检查验电器

（3）检测绝缘工具的绝缘电阻：

1）应使用 2500V 及以上的绝缘电阻检测仪。
2）检测电极要求：极宽 2cm、极间距 2cm。
3）绝缘电阻值不得低于 700MΩ。
4）需检测的绝缘工具有绝缘绳、绝缘操作杆、高压验电器。

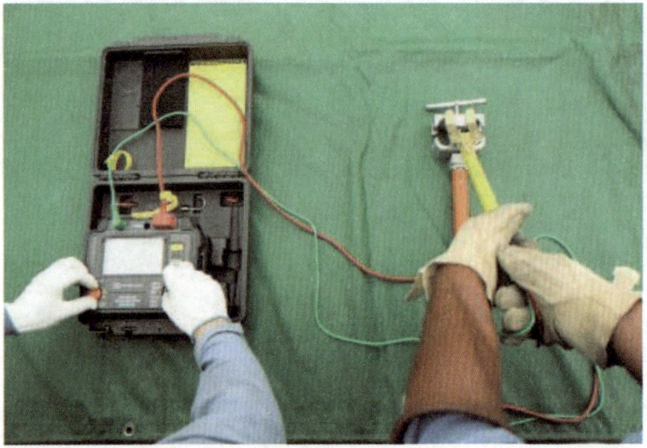
绝缘电阻检测仪自检

检测绝缘绳

检测绝缘操作杆

绝缘电阻值不低于 700MΩ

（4）检查（新）熔断器：

1）对（新）熔断器进行表面清洁和检查：绝缘子各部分零件完整；瓷件表面光滑，无麻点、裂痕等现象；转轴光滑灵活，铸件不应有裂纹、砂眼、锈蚀。

2）安装熔管进行试拉合 3 次，合闸机构应良好。

3）用绝缘电阻检测仪检测熔断器上下接线柱与中间安装连板之间的绝缘电阻值，不应低于 500MΩ。

检查熔断器

熔断器试操作

检测熔断器绝缘电阻

（5）汇报检测结果：

1）工器具检测完毕后，应向工作负责人汇报检查结果。
2）现场检测不合格的工器具不得在带电作业中使用。

绝缘电阻检测情况汇报

工器具检查情况汇报

（六）作业准备

（1）穿戴个人绝缘防护用具：作业人员应在地面穿戴好绝缘安全帽、绝缘披肩、绝缘手套及防刺穿手套等。穿戴完毕后，由工作负责人进行检查。

检查个人绝缘防护用具穿戴情况

（2）安全带冲击试验：

1）作业人员把安全带绕在电杆上进行冲击试验，检查围杆带、后备绳，确认安全带无变形、开裂、破损等现象。

2）作业人员对两只脚扣逐次进行冲击试验（距离地面不超过 0.5m），取下脚扣并进行检查，确认脚扣无变形、开裂、破损等现象。

安全带冲击试验

后备保护绳冲击试验

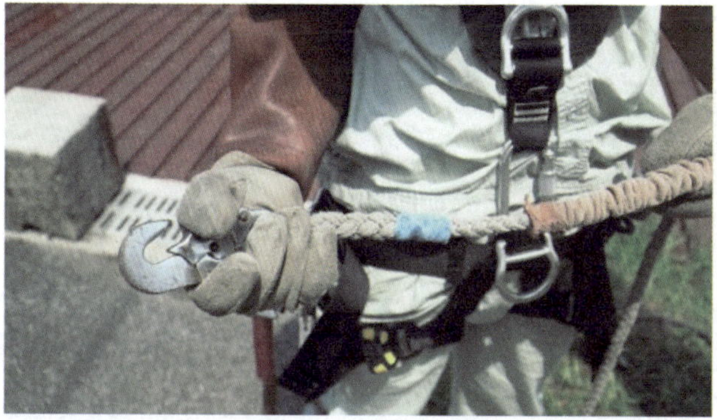

冲击后检查各部件是否完好

脚扣冲击试验

冲击试验后检查是否完好

汇报冲击试验检查情况

（七）作业步骤

（1）进入带电作业区域：在工作负责人许可后，1号电工与2号电工依次登杆至杆上合适位置。

> 应注意：人体与带电体的最小安全距离应不小于0.4m。

依次登杆

登杆后站位

杆上配合站位

（2）验电步骤：

1）验电器应自检良好，在带电体上确认验电器正常。
2）验明横担和支接线路确无漏电。
3）在带电体上再次确认验电器良好。
应注意：
①伸缩式验电器的有效绝缘长度应不小于0.7m；
②将验电结果报告工作负责人。

在带电体上确认验电器

分支线路验电

横担验电

汇报验电结果

（3）安装绝缘挂架及绝缘传递绳步骤：

1）杆上1号电工在与带电体保持不小于0.4m的位置，用绝缘绳将绝缘滑车挂架吊上并固定在横担上，地面电工对绝缘无极绳进行固定并安装高空吊袋。

2）杆上1号电工转位至横担另一侧安装操作杆固定挂架。

传递滑车挂架

安装滑车挂架

安装绝缘无极绳

安装高空吊袋

传递操作杆固定挂架

安装操作杆固定挂架

（4）带电断开内边相熔断器上引线：

1）用绝缘锁杆锁住引线。

2）用绝缘断线杆（遥控）先将引线与主导线连接处剪断，再剪断跌落式熔断器上桩引线。

3）将线夹回收杆固定在主导线并沟线夹下方，用绝缘套筒操作杆（遥控）松开并沟线夹螺栓。

应注意：

1）杆上电工应与带电体保持的安全距离不小于0.4m。

2）绝缘操作杆的有效绝缘长度不小于0.7m。

3）取下引线时，应避免发生相对地或相间短路。

4）防止高空落物。

传递锁杆

锁住上引线

引线锁定牢固

剪搭接处引线

剪熔断器上桩引线

取下引线

传递套筒操作杆等

拆除内边相并沟线夹

用绝缘套筒操作杆（遥控）和防落物罩杆配合拆除并沟线夹

（5）设置内边相绝缘遮蔽措施。

应注意：

1）设置部位及其顺序：先设置绝缘子遮蔽罩，再设置导线遮蔽罩。

2）1号电工应与带电体保持不小于0.4m的距离，绝缘操作杆的有效绝缘长度应不小于0.7m。

3）绝缘遮蔽应严实、牢固，导线遮蔽罩间重叠部分应不小于15cm。

4）防止高空落物。

设置内边相绝缘子遮蔽罩

设置内边相导线遮蔽罩

遮蔽罩之间重叠不足

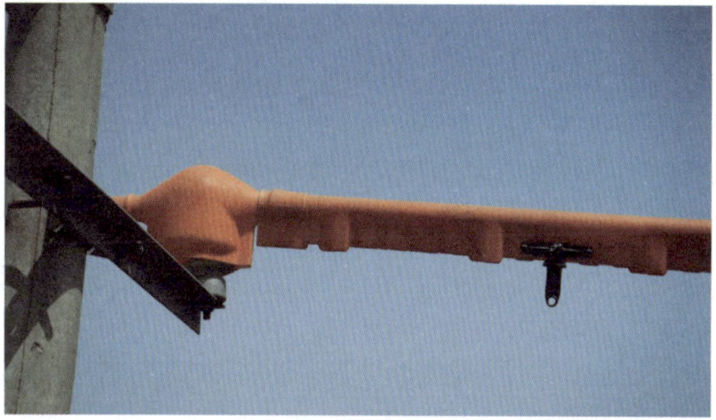
遮蔽罩之间重叠不小于 15cm

设置内边相另一侧导线遮蔽罩

内边相遮蔽效果

（6）带电断开外边相熔断器上引线：

1）用绝缘锁杆锁住引线。

2）用绝缘断线杆（遥控）先将引线与主导线连接处剪断，再剪断熔断器上桩引线。

3）将线夹回收杆固定主导线并沟线夹下方，用绝缘套筒操作杆（遥控）松开并沟线夹螺栓。

剪搭接处引线

操作部位

应注意：

1）杆上电工应与带电体保持的安全距离不小于0.4m。

2）绝缘操作杆的有效绝缘长度应不小于0.7m。

3）取下引线时，应避免发生相对地或相间短路。

4）防止高空落物。

引线向下牵引

剪断熔断器上桩引线

拆除外边相并沟线夹

用绝缘套筒操作杆（遥控）和防落物罩配合拆除并沟线夹

（7）设置外边相绝缘遮蔽措施。

应注意：

1）设置部位及其顺序：先设置绝缘子遮蔽罩，再设置导线遮蔽罩。

2）1号电工应与带电体保持不小于0.4m的距离，绝缘操作杆的有效绝缘长度应不小于0.7m。

3）绝缘遮蔽应严实、牢固，导线遮蔽罩间重叠部分应不小于15cm。

4）防止高空落物。

设置外边相绝缘子遮蔽罩

设置外边相导线遮蔽罩

设置外边相另一侧遮蔽罩

两相导线遮蔽罩设置效果

（8）带电断开中间相熔断器上引线：

1）用绝缘锁杆锁住引线。

2）用绝缘断线杆（遥控）先将引线与主导线连接处剪断，再剪断跌落式熔断器上桩引线。

3）将线夹回收杆固定在主导线并沟线夹下方，用绝缘套筒操作杆（遥控）松开并沟线夹螺栓。

应注意：

1）杆上电工应与带电体保持安全距离不小于0.4m。

2）绝缘操作杆的有效绝缘长度应不小于0.7m。

3）取下引线时，应避免发生相对地或相间短路。

4）防止高空落物。

剪断搭接处引线

控制引线向下牵引

剪断熔断器上桩引线

拆除并沟线夹

（9）更换熔断器。杆上电工拆开熔断器下引线前在引线上绑好绝缘绳套，引线拆下后用绝缘绳套做好临时固定。杆上电工逐相更换熔断器并恢复下引线。

应注意：

1）使用高空吊袋上下传递熔断器，传递时应控制平稳，不得与装置碰撞。

2）杆上电工应与带电体保持安全距离不小于 0.4m。

3）不得有高空落物现象。

引线绑好绝缘绳套

拆除熔断器下引线

引线拆除后固定在分支线上

三相熔断器下桩引线拆除并固定

拆除熔断器前绑好绝缘绳

新熔断器安装后拆除绝缘绳

安装熔断器下桩引线

熔断器安装应牢固

熔断器拉合试操作

（10）测距并制作引线。获得工作负责人的许可后，1 号电工调整站位高度进行引线逐相测量，地面电工根据测量的引线长度制作新引线。

应注意：

1）杆上电工与带电体的距离应不小于 0.4m。

2）绝缘杆的有效绝缘长度应不小于 0.7m。

用测距杆测量引线长度

根据测量结果截取引线

剥除引线绝缘层

清除氧化层

涂抹电力复合脂

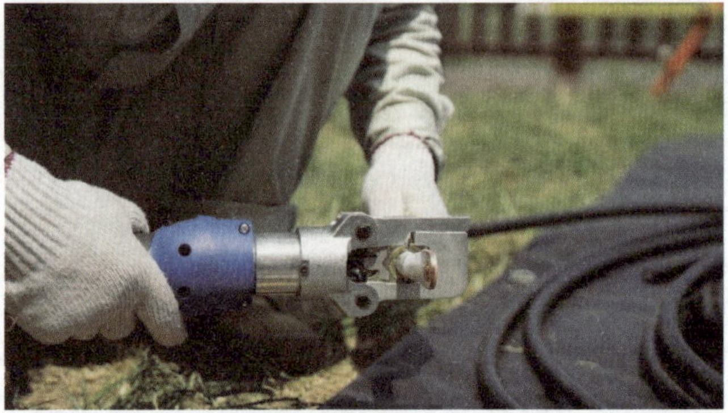

压接接线端子

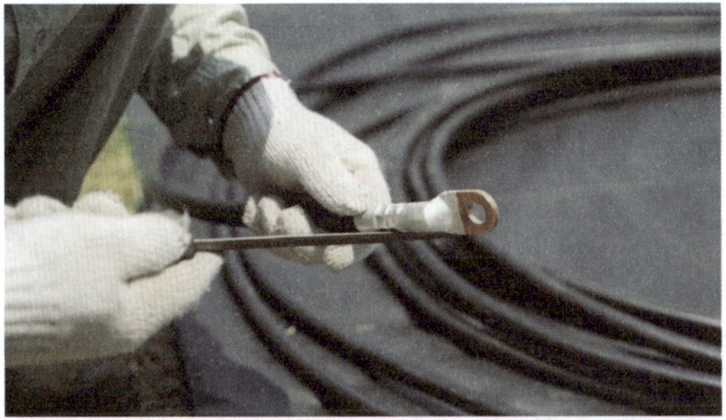

清除接线端子毛刺

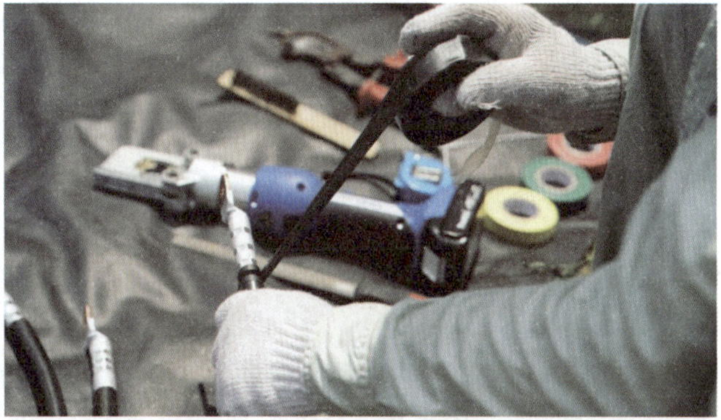

接线端子与导线绝缘层之间缠绕防水胶带

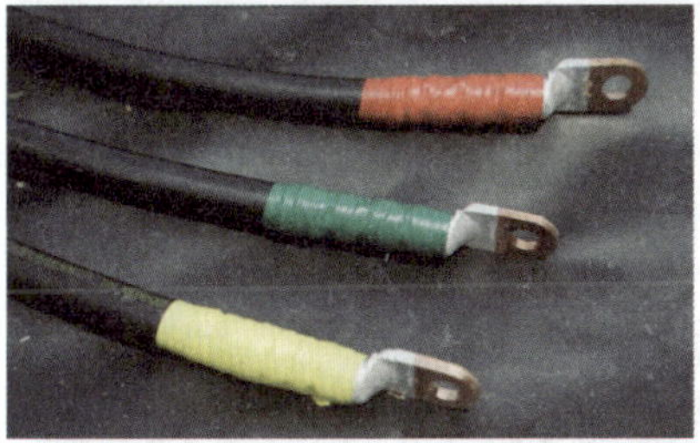

在接线端子上缠绕色相胶带

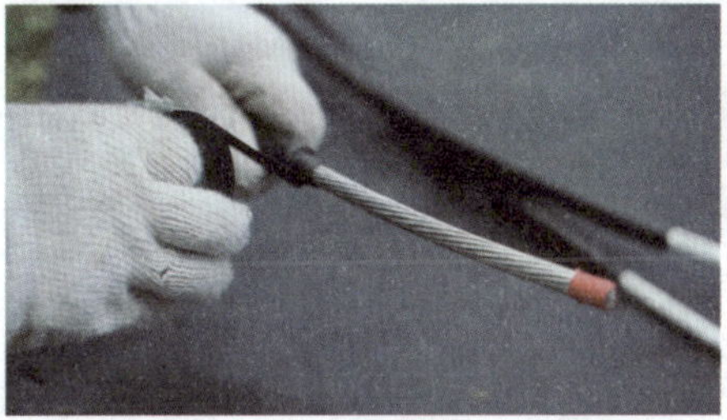

引线另一端导线与绝缘层之间缠绕防水胶带

导线头上缠绕绝缘胶带防止导线散股

（11）熔断器上引线安装。

1）获得工作负责人的许可后，1号、2号电工调整站位高度安装新熔断器上桩头引线。

2）地面电工将并沟线夹及引线安装在绝缘线夹传送杆（新）上，通过传递袋传递给杆上电工，1号电工进行熔断器上桩头安装。

应注意：

1）杆上电工与带电体的距离应不小于0.4m。

2）安装熔断器上桩头引线时应做好引线防弹跳措施。

3）不得有高空落物现象。

4）上下传递工具时不得碰触电杆等构件。

将引线和线夹安装到绝缘线夹传送杆上

安装远边相熔断器上桩引线

安装中相熔断器上引线

安装边相熔断器上引线

将三相引线固定在操作杆固定挂架上，防止引线弹跳

（12）试搭接熔断器上引线。获得工作负责人的许可后，1 号、2 号电工调整站位高度、角度后，试搭接引线，调整引线长度和朝向。

应注意：

1）杆上电工与带电体的距离应不小于 0.4m。

2）绝缘工具的有效绝缘长度应大于 0.7m。

3）试搭接的顺序为单只熔断器侧引线、另边相引线、中间相引线。

4）试搭接后的每相引线尾端均应作妥善固定。

试搭接单只熔断器侧引线

试搭接另边相引线

试搭接中间相引线

（13）清除氧化层并带电接中间相熔断器上引线。获得工作负责人的许可后，1 号、2 号电工配合清除氧化层并搭接好中间相引线。搭接方法如下：

1）1 号电工用导线清洁刷操作杆清洁导线。

2）1 号电工将中间相引线传送至主导线上。

3）为防止并沟线夹脱离主导线，线夹传送杆宜向下用力。

4）用绝缘套筒操作杆（遥控）紧固并沟线夹。

应注意：

1）杆上电工与熔断器上接线柱的距离应大于 0.4m。

2）绝缘工具的有效绝缘长度应大于 0.7m。

3）在传送引线时，应注意引线与电杆之间的距离，并防止其超出绝缘遮蔽措施的遮蔽范围，引线宜从装置外侧向上传送，且引线端头宜朝向电源侧。

4）防止高空落物。

5）引线的搭接工艺和质量应符合施工和验收规范的要求：

①每相引线的并沟线夹不少于 2 个，引线穿出线夹的长度为 2～3cm；

②引线长度适宜，弧度均匀；

③引线无散股、断股现象；

④引线与电杆之间的距离应大于 20cm。

传递导线清洁刷

清洁导线氧化层

清除主导线氧化层

传送引线和线夹

绝缘套筒操作杆（遥控）紧固并沟线夹

松开线夹传送杆

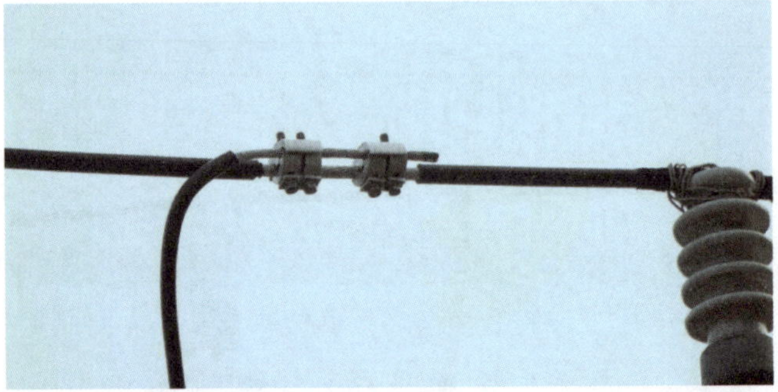

中相引线搭接完成

（14）拆除外边相绝缘遮蔽措施。获得工作负责人的许可后，1 号电工用射枪操作杆撤除外边相绝缘遮蔽措施。

应注意：

1）1 号电工应与带电体保持不小于 0.4m 的距离，绝缘操作杆的有效绝缘长度应不小于 0.7m。

2）防止高空落物。

拆除外边相导线遮蔽罩

传递导线遮蔽罩

拆除外边相绝缘子遮蔽罩

（15）带电接外边相熔断器上引线。获得工作负责人的许可后，1 号、2 号电工调整好站位，按照与中间相相同的步骤和要求配合搭接好外边相引线。

清洁主导线氧化层

传送引线和线夹

紧固并沟线夹

拆除线夹传送杆

两相引线搭接完成

（16）拆除内边相绝缘遮蔽措施。获得工作负责人的许可后，1 号电工用射枪操作杆撤除内边相绝缘遮蔽措施。

应注意：

1）1 号电工应与带电体保持不小于 0.4m 的距离，绝缘操作杆的有效绝缘长度应不小于 0.7m。

2）防止高空落物。

拆除内边相导线遮蔽罩

拆除内边相另一侧导线遮蔽罩

拆除内边相绝缘子遮蔽罩

射枪操作杆、绝缘子遮蔽罩传递至地面

（17）带电接内边相熔断器上引线。获得工作负责人的许可后，1 号、2 号电工调整好站位，按照与中间相相同的步骤和要求配合搭接好内边相引线。

清除主导线氧化层

传送引线和线夹

紧固并沟线夹

拆除线夹传送杆

三相引线搭接完成

（18）拆除绝缘挂架及绝缘绳。获得工作负责人的许可后，1号电工拆除绝缘挂架，并用绝缘绳传递至地面。

应注意：

1）1号电工应与带电体保持不小于0.4m的距离。

2）防止高空落物。

拆除操作杆固定挂架

拆除滑车挂架

传到滑车挂架

回收绝缘绳

（19）工作结束：

1）完工后，作业人员应检查工作地段的状况，确认无遗留物。

2）经工作负责人许可后离开作业区域。

3）作业人员落地后，方能摘除绝缘防护用具。

检查装置符合要求

2 号电工下杆

1 号电工下杆

（八）现场收工会

1）工作负责人组织召开现场收工会。
2）对本次工作的施工质量、安全措施落实情况、规程执行情况进行总结和点评工作。

班后会

（九）工作终结

作业结束后，工作负责人应及时向值班调控人员汇报，并终结工作票。

电话终结

记录终结时间

（十）清理场地

1）工作班成员整理工具、材料，将工器具清洁后放入专用的箱（袋）中。

2）清理现场，做到工完料尽场地清。

用清洁毛巾擦拭操作杆

绝缘操作杆分别装袋

清理现场

安全防护篇

一 防高空坠落

（1）登杆前应检查杆根、基础和拉线是否牢固。遇有冲刷、起土、上拔或导地线、拉线松动的杆塔，应先培土加固、打好临时拉线或支好架杆。

检查杆根牢固

检查电杆埋深符合要求

检查电杆基础牢固

检查拉线无松动

（2）登杆前应检查登高工具是否良好。

安全带冲击试验

后备保护绳冲击试验

安全带冲击试验后检查

脚扣冲击试验

脚扣冲击试验离地不超过 50cm

脚扣冲击试验后检查

脚扣带磨损禁止使用

（3）禁止攀登有纵向裂纹的电杆；横向裂纹不得小于0.5mm，长度不得不小于电杆周长的3/4。

检查电杆是否有纵向、横向裂纹

电杆有纵向裂纹，禁止攀登

（4）登杆过程中不得失去安全带保护，防止发生高空坠落。

登杆过程中未使用安全带保护

登杆过程应使用安全带

（5）作业人员不得同时登杆或下杆。

作业人员不得同时登杆或下杆

作业人员依次登杆

（6）攀登杆塔时，应及时收紧脚扣，防止滑落。

脚扣过大易打滑

及时调整脚扣

(7)禁止携带器材登杆或在杆塔上移位。

携带器材登杆

登杆正确示范

（8）在杆塔上作业时，应使用有后备保护绳的双控背带式安全带，安全带和保护绳应分挂在杆塔不同部位的牢固构件上。

杆塔上作业未使用后备保护绳

使用有后备保护绳的双控背带式安全带

（9）作业人员作业过程中，应随时检查安全带是否拴牢。高处作业人员在转移作业位置时不得失去安全保护。

转位时不得失去安全防护

二 防物体打击

（1）高处作业，除有关人员外，他人不得在工作地点的下面通行或逗留，工作地点下面应有遮栏（围栏）。作业点下方应按坠落半径设围栏。

作业点下方无关人员不得逗留

（2）杆上作业人员应将绝缘杆等器具加以固定，避免引起高空落物。

操作杆固定架安装牢固

操作杆固定架未安装牢固

（3）高处作业应使用工具袋。

高处作业应使用工具袋

（4）在设置或拆除绝缘遮蔽时，应注意防止引起高空落物。

使用绝缘无极绳和高空吊袋上下传递工具

（5）在断、接引线作业时，应注意防止引线和线夹引起高空落物。

拆除引线时锁杆应将引线固定牢固

拆除引线时引线掉落

防止线夹掉落伤人

（6）上下传递材料、工器具应使用绝缘绳索并固定牢固。

用绝缘无极绳和高空吊袋传递射枪操作杆及绝缘子遮蔽罩

用绝缘无极绳和高空吊袋传递绝缘断线钳

三 防电弧及触电伤害

（1）禁止带负荷断、接支线熔断器上引线。

拆除引线时熔断器未断开

拆除引线前应断开熔断器

（2）作业前，应验明支接线路和横担确认无漏电。

验电时伸缩式验电器未完全伸出

用验电器确认横担无漏电现象

（3）支接线路应有防倒送电的安全措施。

分支线侧应装设接地线

（4）杆上作业人员应按要求穿戴绝缘安全帽、护目镜、绝缘披肩、绝缘手套及外层防刺穿手套等。带电作业过程中，禁止摘下绝缘防护用具。

验电时未戴绝缘手套

验电时应戴绝缘手套

（5）作业过程中，杆上作业人员应与带电体保持不小于 0.4m 的安全距离。

作业时人体与带电体保持不小于 0.4m 的安全距离

（6）作业过程中，绝缘杆的有效绝缘长度应不小于 0.7m。绝缘杆杆身不得碰触带电体或地电位物体。

作业时绝缘杆有效绝缘长度不小于 0.7m

● 绝缘杆作业法带电更换熔断器 ●

施工质量篇

一 熔断器安装

（1）各部分零件完整。

（2）转轴光滑灵活，铸件不应有裂纹、砂眼、锈蚀。

（3）瓷件良好，熔丝管不应有吸潮膨胀或弯曲现象。

（4）熔断器安装牢固、排列整齐，熔管轴线与地面的垂线夹角为15°～30°。熔断器水平相间距离不小于500mm。

（5）操作时灵活可靠、接触紧密。合熔丝管时上触头应有一定的压缩行程。

检查新熔断器是否良好

熔管轴线与地面的垂线夹角为 15° ~ 30°

熔断器更换后应试拉合熔管，确认操作正常

二 引线安装

(1) 10kV 线路每相引线、引下线与邻相导线之间，安装后的净空距离应不小于 300mm。
(2) 10kV 线路的导线与拉线、电杆或构架之间安装后的净空距离应不小于 200mm。
(3) 引线无断股现象，端口应有防止散股的措施。
(4) 三相引线应采用绝缘导线，绝缘导线应有防水措施。
(5) 三相引线长度适宜，弧度应均匀。
(6) 引线朝向：接引线时，三相引线的端口应统一朝向主线路的电源侧。

引下线与相邻导线之间净空距离不小于 0.3m

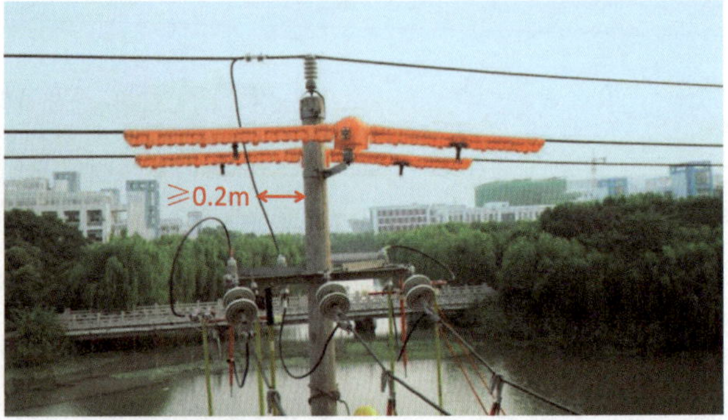

中相引线与电杆之间净空距离不小于 0.2m

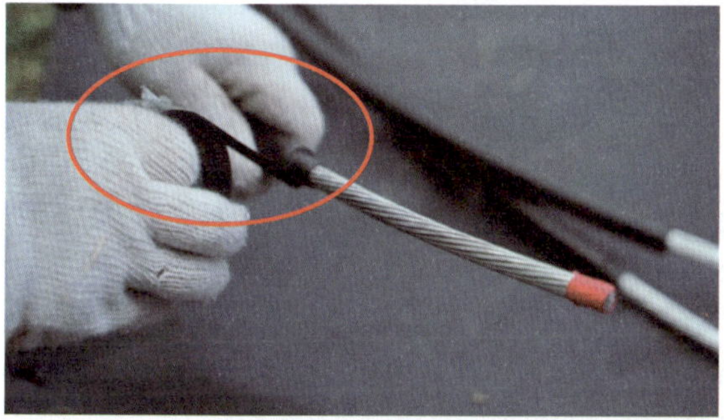

绝缘导线端口缠绕防水胶带

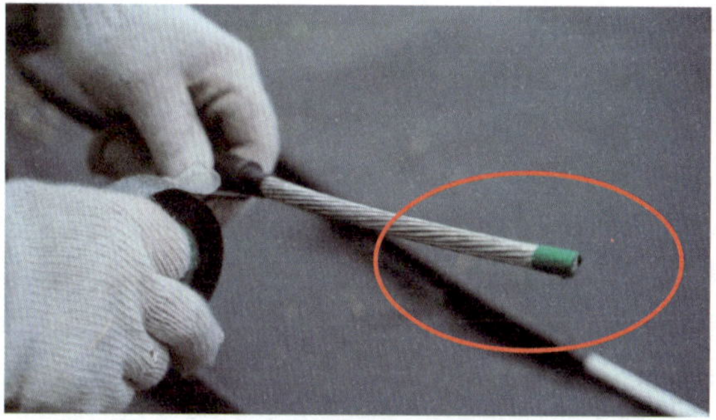

线芯端口缠绕绝缘胶带防散股

三相引线的端口统一朝向主线路的电源侧

三 线夹安装

（1）采用并沟线夹连接引线时，线夹数量不应少于 2 个。连接面应平整、光洁。
（2）导线及并沟线夹槽内应清除氧化层，涂电力复合脂。
（3）引线穿出线夹的长度为 2～3cm，连接线夹之间应留出一个线夹的宽度。
（4）连接线夹垫片整齐，无歪斜现象，穿刺线夹连接应符合要求。
（5）并沟线夹压片压紧，与线路导线的连接紧密可靠。

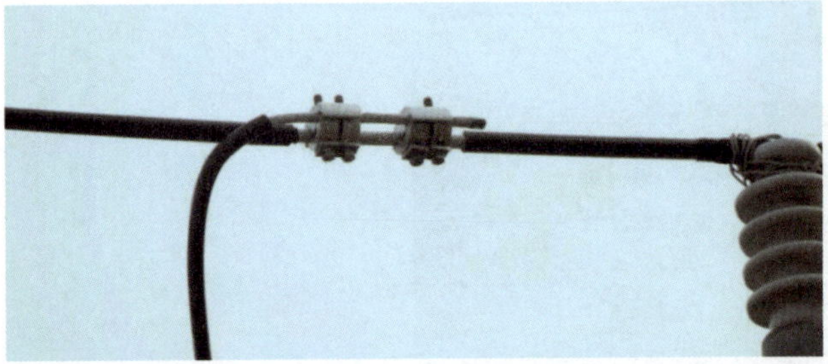

并沟线夹不少于两个

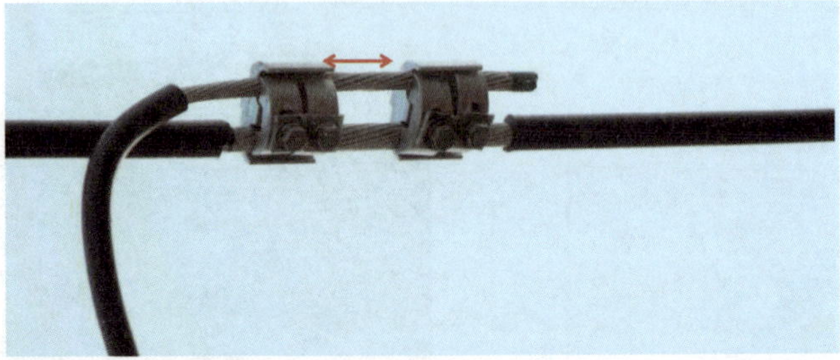

中间空一个线夹位置

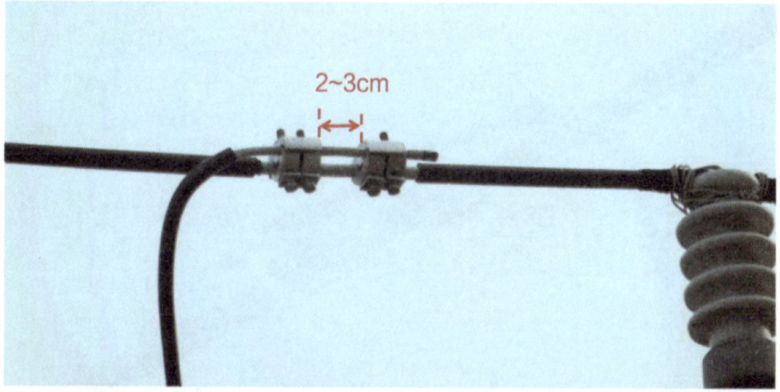

引线穿出线夹长度 2～3cm

引线穿出过长

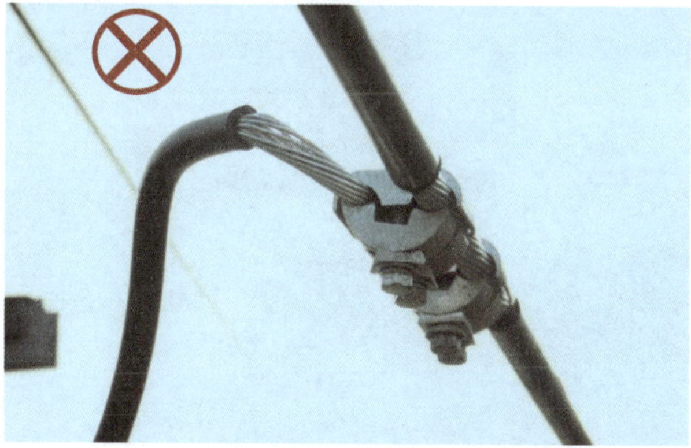

引线散股

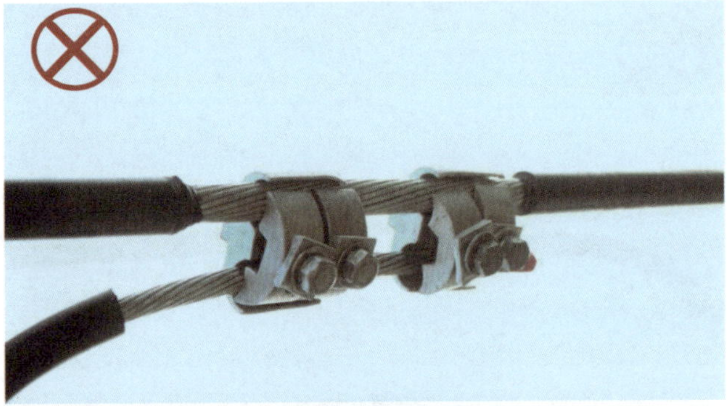

线夹压片未压平压紧

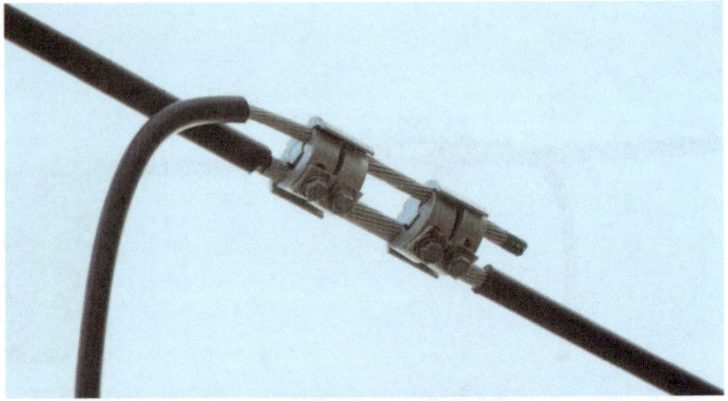

线夹压片压平压紧

线夹涂抹电力复合脂

引线涂抹电力复合脂

四 接线端子施工

（1）10kV 及以下架空电力线路的引线连接应符合不同金属导线的连接，应有可靠的过渡金具。

（2）从芯线端头量出长度为接线鼻子的深度，另加 5mm，剥去电缆芯线绝缘，并在芯线上涂上导电脂。

（3）将芯线插入接线鼻子内，用压线钳子压紧接线鼻子，压接应在两道以上，压接后用锉刀修整棱角毛刺。

（4）根据不同的相位，使用黄、绿、红分别包缠电缆各芯线至接线鼻子的压接部位。

量取接线鼻子深度

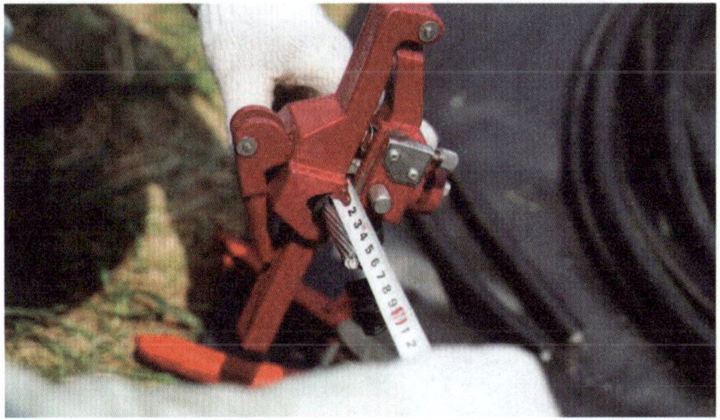

剥除绝缘层

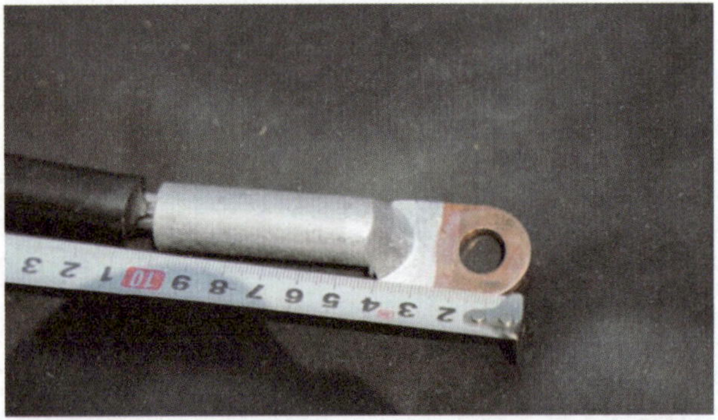

剥除长度为接线鼻子孔深加 5mm

涂抹电力复合脂

压接

清除毛刺

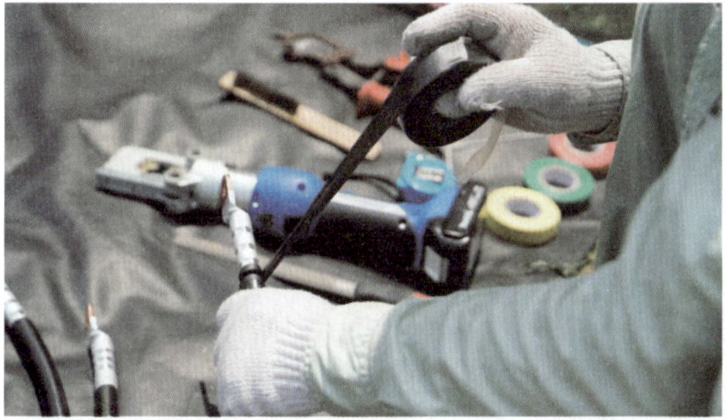

缠绕防水胶带

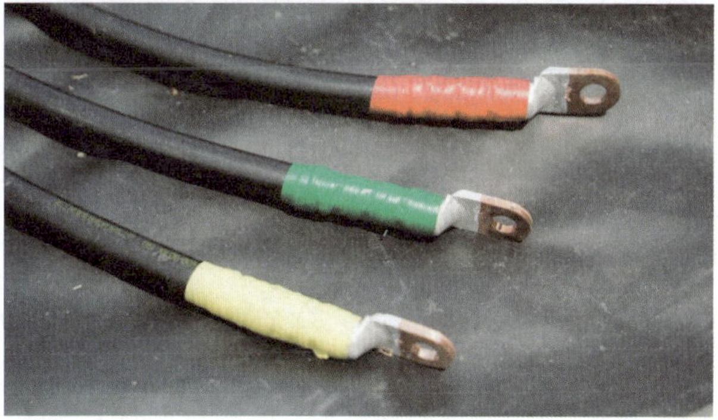

缠绕色相标记